生态文明视域下

农林院校实践育人研究

冉琰　黄晓芳　著

中国水利水电出版社
www.waterpub.com.cn
·北京·

内 容 提 要

生态文明视域下农林院校实践育人不仅对丰富生态文明教育、思想政治教育、高等教育的理论和方法具有重要的理论价值，也对落实立德树人根本任务、构建高质量教育体系、助力“美丽中国”建设具有重要的现实意义。本书从科学内涵、理论基础、发展历程和经验、现实依据、发展思路和创新路径六个方面探讨了生态文明视域下农林院校实践育人“是什么”“为什么”“怎么样”等重大问题。面对中国式现代化建设所创造的时代机遇，农林院校要站在高质量发展的新征程、新起点上，彰显农林底色和生态特色，培养更多高素质生态型人才，在生态文明建设领域贡献更多的农林智慧与力量。

本书可作为农林院校师生、从事生态文明教育相关人员的参考用书，也可作为社会大众科普读物。

图书在版编目（CIP）数据

生态文明视域下农林院校实践育人研究 / 冉琰，黄晓芳著. -- 北京 : 中国水利水电出版社，2023.8
ISBN 978-7-5226-1731-2

Ⅰ. ①生… Ⅱ. ①冉… ②黄… Ⅲ. ①高等学校－生态环境－环境教育－教育研究 Ⅳ. ①X171.1

中国国家版本馆CIP数据核字(2023)第144823号

书　　名	**生态文明视域下农林院校实践育人研究** SHENGTAI WENMING SHIYU XIA NONGLIN YUANXIAO SHIJIAN YU REN YANJIU
作　　者	冉　琰　黄晓芳　著
出版发行	中国水利水电出版社 （北京市海淀区玉渊潭南路1号D座　100038） 网址：www.waterpub.com.cn E-mail：sales@mwr.gov.cn 电话：（010）68545888（营销中心）
经　　售	北京科水图书销售有限公司 电话：（010）68545874、63202643 全国各地新华书店和相关出版物销售网点
排　　版	中国水利水电出版社微机排版中心
印　　刷	清淞永业（天津）印刷有限公司
规　　格	170mm×240mm　16开本　12印张　190千字
版　　次	2023年8月第1版　2023年8月第1次印刷
定　　价	**68.00**元

前　言

生态文明建设事关全球生态危机应对，事关中华民族永续发展，是我国优先发展的重大战略和国家政策的制度安排。党的十八大以来，明确将生态文明建设纳入中国特色社会主义事业“五位一体”总体布局，习近平总书记围绕生态文明建设的背景、原因、挑战、目标、任务和路径等一系列重大理论问题作了深入的论述，形成了习近平生态文明思想，为我国生态文明建设提供了根本遵循。

生态文明建设面临着巨大的挑战，关键在人。因此，生态文明教育是生态文明建设的关键。结合生态文明建设，教育部坚决贯彻“五位一体”总体布局，坚持“四个全面”战略布局，落实“绿色发展”理念，重视生态文明相关学科的发展，不断建立健全生态文明教育实施体系，加强顶层设计和科学规划，把生态文明教育融入人才培养全过程。

大学生是推动绿色发展、共建生态文明、建设美丽中国的生力军。高校生态文明教育的成效，关系到社会的和谐与发展，关系到“美丽中国”建设目标的实现。农林院校承担着贯彻习近平生态文明思想、培养生态文明时代新人、创新生态文明科学技术、引领生态文明社会风尚、助力“双碳”目标、建设美丽中国的时代使命，同时，其办学方向、学科背景、科学研究、社会服务、文化传承与创新、人才培养等在生态文明实践育人方面具有得天独厚的优势。

实践育人是促进大学生全面发展、落实立德树人根本任务的重要路径。为顺应国家发展战略需求、社会经济发展需求和大学生全面发展的需求，高校把培养大学生的创新意识和实践能力作为发展目标和主要任务。生态文明教育的方法与路径有很多，实践是生态文明教育的必需手段和固有属性，无论是自然情感还是生态知识都要在深入环境的实际体验和实践锻炼中才能全面习得。围绕生态文明实践育人，各高校进行了广泛而深入的探索与实践。农林院校将实践育人与生态文明教育有机结合，取得了一定成效，积累了丰富经验，但也存在一定的不足。

当前，在全国上下深入学习贯彻党的二十大精神的重要历史节点上，农林院校要深刻领会习近平总书记关于高等教育、生态文明建设、“三农”工作的系列重要讲话、指示批示和回信精神，理性思考生态文明视域下实践育人工作，加强理论研究，推进实践转化，进一步提高生态文明实践育人的工作水平和育人质量，切实将立德树人根本任务落到实处。

本书从教育学、管理学、社会学、生态学等多学科理论视角出发，综合运用文献研究、案例研究、政策研究和归纳研究等方法，从科学内涵、理论基础、发展历程和经验、现实依据、发展思路和创新路径六个方面研究了生态文明视域下农林院校实践育人“是什么”“为什么”“怎么样”三个重大问题。

全书分为六章。第一章阐释了生态文明视域下农林院校实践育人的科学内涵，包括生态文明、生态文明教育、实践育人等相关概念的科学内涵。第二章探究了生态文明视域下农林院校实践育人的理论基础，主要从教育学、管理学、社会学、生态学等视角进行了多学科的分析。第三章梳理了生态文明视域下农林院校实践育人的发展历程和经验，从环境教育、可持续发展教育、生态文明教育等不同时期分析了其时代背景、历史变迁与主要经验。第四章分析了生态文明视域下农林院校实践育人的现实依据，研究了生态文明视域下农林院校实践育人的价值意蕴，全面剖析了总体样态、突出问题以及问题成因。第五章厘清了生态文明视域下农林院校实践育人的发展思路，包括机遇挑战、工作目标、工作原则与工作任务。第六章探讨了生态文明视域下农林院校实践育人的创新路径，针对存在的问题提出：突出科学性，强化生态文明实践育人理念；突出时代性，丰富生态文明实践育人内容；突出系统性，完善生态文明实践育人体系；突出协同性，优化生态文明实践育人机制；突出开放性，拓展生态文明实践育人资源；突出融合性，加强生态文明教育师资队伍；突出主动性，激发学生投身生态文明实践。

本书为2023年度浙江省社科规划应用对策类部门合作专项课题、2022年度浙江省“十四五”教学改革项目（编号：jg20220346）研究成果。在编写过程中，参考和引用了有关文献资料，在此表示衷心的感谢。因作者能力和水平有限，书中难免有疏漏和不当之处，敬请读者批评指正。

作者

2023年6月

目　录

第一章　生态文明视域下农林院校实践育人的科学内涵

厘清生态文明视域下农林院校实践育人的科学内涵是开展研究的前提。围绕生态文明视域下农林院校实践育人研究，生态文明建设是研究的时代背景和根本目的，农林院校是生态文明教育和实践育人的实施主体，实践育人是农林院校生态文明教育的重要路径，涉及生态文明、生态文明教育和实践育人等相关的概念和内涵。

第一节　生态文明相关的概念及内涵

生态文明相关的概念包括生态、文明、生态文明和生态文化。

一、生态

生态一词源于古希腊语，意思是“住所”“栖息地”“生物之家”。

我国传统意义上的“生态”主要有三层含义：一是指显露美好的姿态；二是指生动的意态；三是指生物的生理特性与生活习性。在生态文明语境下，生态是指生物有机体与周围外部世界的关系，其主体是生物有机体。根据《现代经济词典》，生态有两层含义：一是生物的生理特性和生活习性；二是生物对自然界的依赖、适应状态[1]。

随着人类实践的发展和认识的深化，生态有了更具体、更深刻的含义。生态是一种优胜劣汰、共存、再生、自生的生存与发展机制；是一种保护生存条件、发展生产力的策略方法；是自然界生物之间、生物和环境之间的相互关系以及生存和发展的状态，以及由此延伸出来的美好的、绿色的、

[1] 中国社会科学院经济研究所. 现代经济词典［M］. 南京：凤凰出版社，江苏人民出版社，2005：915.

和谐的观念。

如“环境问题的解决：一方面要求人类与其生物与非生物环境之间的和谐；另一方面还意味着人类生存环境系统中各个子系统之间的和谐，即人文层面中政治环境、经济环境、文化环境、社会环境等与自然环境之间的和谐及它们彼此之间关系的和谐”[1]。

二、文明

文明一词源于拉丁文，意思是城市中的居民，实质是人们和谐地生活在所在地区与社会团体中的水平。从文艺复兴时期开始，文明被视为和野蛮相对应的形容词，它的基本意义是“讲文明的”“有修养的”。

《辞海》对“文明”有以下几种解释：一是光明、有文采，如《易·乾》“见龙在田，天下文明”；二是教化，如杜光庭《贺黄云表》“柔远俗以文明，慑匈奴以武略”；三是社会进步、有文化的状态，如李渔《闲情偶寄·词曲下·格局》“求辟草昧而致文明，不可得矣”，秋瑾《愤时叠前韵》“文明种子已萌芽，好振精神爱岁华”；四是唐睿宗年号，文明元年即公元684年。[2]

随着人类社会的发展，文明一词持续演进，包含了人类个体修养的历程、经过开化之后达到的状态、生活习惯与风气、社会经济文化发展的水平层次、在各个领域创造的成果等含义。根据马克思主义哲学的基本观点，文明是人类在社会历史实践活动中所创造的一切物质成果和精神成果的总和。

三、生态文明

20世纪60年代以来，人们在探索环境保护和可持续发展战略的过程中逐渐明确了建设生态文明的重要性。

1972年，罗马俱乐部发表《增长的极限》，提出“均衡发展”的概念。同年，联合国在瑞典斯德哥尔摩召开人类环境会议，会议通过的《斯德哥哥尔摩人类环境宣言》为国际生态法的演进与可持续发展学说的形成奠定

---

[1] 宋言奇. 浅析“生态”的内涵及主体的演变［J］. 自然辩证法研究，2005（6）：105.

[2] 夏征农，陈至立. 辞海［M］. 上海：上海辞书出版社，2009：4121.

了基础。1987 年，联合国环境与发展委员会发布《我们共同的未来》，将可持续发展理念上升为国际生态法基本原则之一。1992 年，联合国环境与发展大会在巴西里约热内卢通过《里约环境与发展宣言》和《21 世纪议程》，提出将环境保护同经济发展并行不悖地加以待之。2000 年，在纽约举行的联合国千年首脑会议通过《联合国千年宣言》，将可持续发展作为人类未来发展的基本理念。2002 年，各国代表在南非约翰内斯堡召开可持续发展世界首脑会议，通过著名的《约翰内斯堡可持续发展宣言》，把实现可持续发展的方针作为主要建构目标。

在我国，“生态文明”一词最早出现于 1987 年，生态学家叶谦吉首次提出“生态文明是人类既获利于自然，又还利于自然，在改造自然的同时又保护自然，人与自然之间和谐相处的关系”❶。

党的十七大首次将生态文明建设凸显出来，将“建设生态文明，基本形成节约能源资源和保护生态环境的产业结构、增长方式、消费模式。循环经济形成较大规模，可再生能源比重显著上升。主要污染物排放得到有效控制，生态环境质量明显改善；生态文明观念在全社会牢固树立。”❷ 作为实现全面建设小康社会奋斗目标的新要求，充分展现了党和国家对新时期我国社会经济发展与环境资源关系所表现出的新特点、新情况的准确判断，体现了党和国家对人类发展进程的科学认识。

党的十八大进一步指出，“建设生态文明，是关系人民福祉、关乎民族未来的长远大计。面对资源约束趋紧、环境污染严重、生态系统退化的严峻形势，必须树立尊重自然、顺应自然、保护自然的生态文明理念，把生态文明建设放在突出地位，融入经济建设、政治建设、文化建设、社会建设各方面和全过程，努力建设美丽中国，实现中华民族永续发展”❸。生态文明建设被列入中国特色社会主义事业“五位一体”的总体布局，并写入了党章。

---

❶ 刘思华. 对建设社会主义生态文明论的若干回忆 [J]. 中国地质大学学报（社会科学版），2008，8（4）：19.

❷ 胡锦涛. 高举中国特色社会主义伟大旗帜，为夺取全面建设小康社会新胜利而奋斗——在中国共产党第十七次全国代表大会上的报告 [M]. 北京：人民出版社，2007：20.

❸ 胡锦涛. 坚定不移沿着中国特色社会主义道路前进为全面建成小康社会而奋斗——在中国共产党第十八次全国代表大会上的报告 [M]. 北京：人民出版社，2012：39.

党的十九大对生态文明建设提出了一系列新思想、新目标、新要求和新部署，为中国特色社会主义新时代树立起了生态文明建设的里程碑，为推动形成人与自然和谐发展现代化建设新格局、建设美丽中国提供了根本遵循和行动指南。

党的二十大指出，中国式现代化的本质要求之一，就是要促进人与自然和谐共生。要坚持节约优先、保护优先、自然恢复为主的方针，坚定不移走生产发展、生活富裕、生态良好的文明发展道路。

生态文明是一个复杂的概念，是人类处理与自然关系的价值理念与思维方式，是人与自然、人与人、人与社会和谐共生的目标，是物质文明与精神文明的总和，是人类社会发展的一种文明形态。

从人类社会发展历程看，生态文明可分为历时性和共时性两种层次，其中，历时性生态文明将生态文明作为史前文明、农业文明、工业文明之后的更高的人类文明形态；共时性生态文明将生态文明作为文明社会中的一个层面[1]。

从特定历史阶段看，生态文明指人在社会发展进程中与自然之间所达到的文明程度，是人类在适应自然、认识自然和改造自然的过程中所达到的人、人类社会、生态自然三者之间的一系列文明形态，也是生态精神文明、生态物质文明、生态政治文明以及生态社会文明等文明成果的总和。

生态文明主要具有平等性、多元共生性和可持续性三个重要特征。

第一，平等性。包括人与自然的平等、代际平等和代内平等。其中，人与自然的平等强调人类要抛弃“极端人类中心主义”的思想，树立人与自然平等相处的观念，合理地利用与改造自然，维护生态系统的平衡与稳定；代际平等强调当代人与后代人共同地、平等地享有地球资源与生态环境；代内平等指的是当代人在利用自然资源满足自身利益时要机会平等，任何国家和地区的发展都不能以损害其他国家和地区的发展为代价。

第二，多元共生性。一是促进整个生态系统的稳定与可持续发展；二

---

[1] 祝光耀，张塞．生态文明建设大辞典（第2册）［M］．南昌：江西科学技术出版社，2016：1109－1110.

是追求人与自然、人与人、人与社会的和谐共生；三是国与国、民族与民族、地区与地区之间的和谐共生，即生态文明的全球化与本土化的和谐统一。

第三，可持续性。即实现经济发展与生态环境的良性互动和协调发展，实现人类部分与整体、眼前与长远、当代人与下一代人、现代与未来利益关系的有机统一与协调。一是时间上体现当前利益和未来利益的统一；二是空间上体现整体利益与局部利益的统一；三是文化上体现理性尺度与价值尺度的统一。

四、生态文化

2018 年，第八次全国生态环境保护大会上，习近平总书记强调要加快建立健全以生态价值观念为准则的生态文化体系。

生态文化是人与自然和谐相处的文化，也是从人统治自然的文化过渡到人与自然协同发展的文化，这是从人类中心主义价值取向过渡到人与自然和谐发展的价值取向。

生态文化的特点在于用生态学的基本观点去观察现实事物、解释现实社会、处理现实问题，运用科学的态度去认识生态学的研究途径和基本观点，建立科学的生态思维理论。

生态文化的实质是指人类的环境意识，集中表现为人类社会经济与环境资源的可持续发展，生态文化完全按照人与自然的和谐发展的价值观，建设尊重自然的文化，实现人与自然的共同繁荣，实现科学、哲学、艺术、道德和宗教发展“生态化”，使人类精神文化沿着符合生态安全的方向发展。

生态文化的内容十分广泛，可以分为精神、制度和物质三个层面，主要包括生态哲学、生态伦理、生态科技、生态传媒、生态文艺、生态美学和生态宗教等要素。这些要素相互依存，相互促进，共同构成生态文化建设体系[1]。

相对于生态文明而言，生态文化是一个内容更为复杂和广泛的概念。

---

[1] 王松霈. 生态经济建设大辞典（下册）［M］. 南昌：江西科学技术出版社，2013：1537－1538.

生态文明是由生态化的生产方式所决定的全新的文明类型，强调所有生态社会中人与自然相互作用所具有的共同特征和达到的起码标准；生态文化是不同民族在特殊的生态环境中多样化的生存方式，强调具体生态环境下形成的民族文化的个性特征。

第二节　生态文明教育相关的概念及内涵

生态文明教育相关的概念主要包括环境教育、可持续发展教育和生态文明教育。

一、环境教育

关于环境一词，《辞海》有如下解释：一是环绕所辖的区域，如《元史・余网传》“环境筑堡寨，选精甲外捍，而耕稼于中”；二是表示与人类生存、发展等活动相关的所有外部环境、影响因素的集合，如水环境、土地环境、大气环境等自然环境，以及与人类的活动相关的社会环境。

环境教育是旨在增强社会成员环境意识和环境道德、普及环境保护知识和技能、培养环境保护专业人才的教育理论、方法和内容的总称。[1]

环境教育的产生可追溯到1948年托马斯・普瑞查提出的“将自然与社会科学加以综合的教育方法”，他建议将这种方法称为“环境教育”。20世纪60—70年代，随着人类对环境问题的关注，“环境教育”得到普遍认同。1970年，美国内华达州召开环境教育国际工作会议，会议的主题是讨论在学校课程中设置环境教育内容，并第一次界定了环境教育的定义，即环境教育是一个过程，通过这个过程来认识价值、澄清概念，从而形成一定的态度，培养一定的技能，提出相应的解决问题的对策，并形成对自身行为的约束能力。1972年，瑞典斯德哥尔摩召开联合国人类环境会议，强调了环境教育的必要性。通过一系列国际会议的研讨，环境教育的宗旨、目的、指导方针以及哲学基础等日趋成熟。自1975年开始，联合国教科文组织和

---

[1] 范维唐．中国煤炭工业百科全书（加工利用・环保卷）［M］．北京：煤炭工业出版社，1999：418.

联合国环境规划署制定并执行了国际环境教育计划。在各国政府、社会团体和广大公众的共同努力下，许多国家都把环境教育发展成为社会教育系统一个新的部门。1973年，我国召开首次全国环境保护会议，环境教育被提上了议事日程。1977年，《第比利斯政府间环境教育会议宣言》对环境教育的定义进一步进行了明确，即环境教育是一门属于教育范畴的跨学科课程，其目的直接指向当地环境现实和环境问题的解决，它涉及所有形式的教育过程，强调观察、分析、解决环境问题的实践活动和实际经验。1992年，我国国家教委和环保局在苏州召开了全国环境教育大会，要求“走有中国特色的环保道路”，提出“环境保护、教育为本”的方针。

二、可持续发展教育

可持续发展教育旨在培养社会成员具有评估和处理他们所关心的可持续发展问题的能力，包括可持续发展的价值观和有效参与可持续发展的技术与行为。

1983年，《布伦特兰报告》（挪威前首相布伦特兰夫人组织各国专家所作报告“我们共同的未来”）指出，可持续发展是“既满足当代人的需要，又不损害后代人需要的能力的发展”，这个定义得到了世界各国的广泛认同，为可持续发展教育奠定了基础。1988年，联合国教科文组织提出“为了可持续发展的教育”。1983—1992年的十年时间里，可持续发展教育思想不断发展。1994年，我国颁布了《中国21世纪议程》，明确指出环境教育的性质和目的就是可持续发展教育。

联合国可持续发展委员会总结了可持续发展教育的特点。

第一，广泛性。可持续发展教育应是从学校到社会全方位的参与过程，不仅限于学校，还应该包括家庭、企业、社会团体和政府组织，尤其社会应对可持续发展教育作出更大的努力，以求共同建立一个可持续的未来。

第二，综合性和跨学科性。应从地方、国家、地区甚至全球的角度去考虑可持续发展教育，其内容也涉及科学、技术、经济、法学、伦理学、环境学、文学等多个学科，强调多个领域的关联。

第三，实践性。公众对可持续发展的认识、行为方式、消费方式是可持续发展得以实现的基础，因此，教育要帮助社会成员去观察、分析、解决日常生活中的环境问题，帮助社会成员掌握基本的知识和技能。

第四，长期性。社会成员所接受的关于可持续生存的知识可帮助他们创造和维持世界的可持续变革。这种教育也将有助于社会成员去理解并具备能力去参与他们生活中将面临的社会和经济的变革。[1] 因此，应该在各种场所，通过各种传播媒介不断努力去实施可持续发展教育。

第五，区域性和阶段性。受到可持续发展战略和区域社会政治经济现状所制约。

三、生态文明教育

生态文明教育是复杂、系统的教育工程，从构成要素来看，体现在教育目标、教育内容、教育路径等方面。

从教育的目标来看，生态文明教育旨在澄清认识、更新观念，提高社会成员的生态文明意识、树立生态文明的新观念、倡导生态文明的思维模式。因此，生态文明教育关系我国生态文明总体建设，与生态文明建设的各项措施息息相关，是提升社会成员生态文明素质的重要路径，是为生态文明建设提供人才支撑的重要基础。

从教育的内容来看，生态文明教育贯穿于德育、智育、体育、美育和生产劳动教育中，主要包括普及生态环境现状及知识的教育、推进生态文明观念教育、强化生态环境法治教育、注重生态文明技能教育等。

从教育的路径来看，生态文明教育可以分为家庭教育、学校教育和社会教育。家庭教育是在家庭中潜移默化地培养社会成员的生态文明意识，从小事做起、重视实践、覆盖全民。学校教育是在学校重点实施环境伦理、消费方式、环境体验、校园生态文化等生态文明教育，推进生态文明理论学科的建设和发展。其中，高校生态文明教育是生态文明教育的重要组成部分。大学生是传播社会主义生态文明观念的生力军，在生态文明建设中发挥着重要作用。他们能否理解、掌握生态文明相关知识，能否牢固树立生态文明观念，能否成为社会主义生态文明建设的主体关系重大，影响深

---

[1] 庞元正，丁冬红．当代西方社会发展理论新词典［M］．长春：吉林人民出版社，2001：226－227.

远。社会教育是在社会中广泛宣传生态文明教育，提高社会成员对生态文明的知晓度、认同度和践行度，提升社会成员的权利观念、责任观念，积极参与到生态文明建设的具体实践中[1]。

生态文明教育具有广泛性、长期性、系统性和实践性等特征。

第一，广泛性。主要体现在教育对象和教育主体上。

一是从教育对象来说，所有社会成员都需要接受生态文明教育，不仅要培养掌握生态文明知识和技术的专门人才，还要努力提升普通公民的生态素质与环保意识。

二是就教育主体而言，学校、家庭和社会要多管齐下、取长补短，其中，学校生态文明教育主体又包括专业教师、行政人员、后勤保障人员等，也要加强顶层设计，实现协同育人。

第二，长期性。主要体现在历史发展、教育现状和个体角度。

一是从历史发展看，我国的生态文明教育刚刚起步，关于生态文明教育的理论研究远远没有达到有效指导实践的程度，此外，生态文明教育的实施涉及政治、经济、文化和社会的方方面面，国家需要在体制建构、资金分配、法律规范、配套措施等方面进行详细的制度设计与周密部署，生态文明教育需要一个较长的时期。

二是从教育现状看，师资力量、课本教材、制度规范和评价指标等都需要进一步完善和提升。此外，生态文明教育不像传统科目教育那样能够立竿见影，它不仅是知识的传授、行为方式的改变，更重要的是思想意识和价值观念的转变，而思想观念的转变不是一蹴而就的，需要一个长期的过程。

三是从个体角度看，生态文明教育是针对全体社会成员开展的一项终身教育，贯穿于每个人的生命始终，是一个长期的过程。同时，根据社会成员的认知水平与生活环境，需要开展不同层次和内容的生态文明教育。此外，生态文明教育的内容、方式与路径会随着科技进步与人类实践的发展而不断更新。

第三，系统性。主要体现在教育理论、教育目标和教育方法上。

---

[1] 刘经伟．马克思主义生态文明观［M］．哈尔滨：东北林业大学出版社，2007：443－499．

一是从教育理论看，生态文明教育绝非某一学科的任务，而是许多学科的共同任务，不仅涉及思想政治教育学相关理论，还涉及心理学、生态哲学与生态伦理学等哲学理论，以及生态科学、环境科学等自然科学知识。

二是从教育目标上看，生态文明教育是帮助社会成员掌握生态文明基础知识、理解生态环境问题、树立生态文明意识、强化生态文明技能、确立生态文明价值观、践行生态文明行为等，需要系统提升社会成员的生态文明素质。

三是从教育方法上看，空间上包括课堂学习、课外实践，形式上包括理论讲解、图片展示、影视观看、举办主题比赛等，需要系统设计。

第四，实践性。主要表现在教育形式、教育目的、教育评价等方面。

一是从教育形式来看，教育本身就是一项实践活动，生态文明教育也不例外。通过教育实践，将生态文明知识与理念、行为与技能传授给教育对象，帮助其在生产、生活和消费方式上实现真正的生态化变革。

二是从教育目的来看，社会成员对生态文明理念的实践程度是检验教育目的、评价教育效果的最终标准。学习者在多大程度上把环保知识和生态观念贯彻、落实到自己的日常生活与生产活动中。

三是从教育评价来看，社会成员的教育实践状况是对前期教育活动落实情况作出客观评判的主要标准。同时，通过对教育实践情况的总结与反馈，得到的经验与不足可以为下一步更加高效地开展生态文明教育奠定基础。

综上所述，可以发现环境教育、可持续发展教育、生态文明教育存在发展的递进性和一定的交叉性。首先，环境教育、可持续发展教育是生态文明教育的前身，生态文明教育是环境教育、可持续发展教育理论与实践发展的结果。生态文明教育比环境教育、可持续发展教育更全面，比如环境教育侧重于环境科学、环保知识、环境现状、环保方法和技能的传授，可持续发展教育侧重于培养学习者的可持续发展意识，增强个人对人类环境与发展相互关系的理解和认识，培养他们分析环境、经济、社会与发展问题以及解决这些问题的能力，而生态文明教育则具有明显的价值导向性，它不仅是关于生态方面的客观知识教育，而且是有利于人与自然和谐相处，良性发展的价值导向性教育。其次，三者在发展历程、教育目标、教育内容等方面存在许多相同和交叉之处。

第三节　实践育人相关的概念及内涵

实践育人相关的概念主要包括实践、育人、实践育人和农林院校实践育人。

一、实践

实践最早作为一个独立概念出现在哲学中是古希腊罗马时期。苏格拉底说，“只要一息尚存，我永远不停止哲学的实践”[1]。亚里士多德说，“实践就是幸福，仁义和执礼的人所以能够实现善德，主要就在于他们的行为”[2]。而最早把实践作为一种社会现象引入哲学范畴的是德国古典哲学创始人康德，他提出了“主观的实践准则”和“客观的实践法则”两个概念，认为人作为有限理性的存在体，在实践理性的支配下追求趋向完美性的实践终极目的。但是，康德实践理性自身的活动仍处于抽象的同一性中，无法从先验主义的困境中摆脱出来。德国旧唯物主义哲学家费尔巴哈在他的哲学著作中多次提到实践，将实践与生活联系到一起，提出“理论所不能解决的问题，实践将为你解决”[3]。但他将人同自然界的关系单纯地理解为以自己的存在去适应自然界，没有上升到社会实践的高度，没有理解革命性的、实践批判的活动意义。黑格尔作为德国古典哲学的集大成者，把实践引入了认识论，把实践看成是认识的必然环节，克服了康德哲学的局限，并在一定程度上指出了实践是检验真理的标准。但是，基于资产阶级立场和唯心主义思想的限制，其实践观具有浓厚的神秘主义和唯心思想的特点，没有完全体现实践观的科学性。马克思主义哲学吸取了哲学史上一切关于实践概念的优秀成果，正确阐明了实践的本质以及实践在认识世界和改造世界中的作用，创立了辩证唯物主义的实践观，认为实践是人特有的存在方式，人的所有活动都离不开实践。

一方面，实践是人类有目的地改造社会的活动，是人类社会活动的总

---

[1] 北京大学哲学系．西方哲学著作选读［M］．北京：商务印书馆，1981：68.

[2] 亚里士多德．政治学［M］．北京：商务印书馆，1965：349.

[3] 路德维希·费尔巴哈．费尔巴哈哲学著作选集（上）［M］．北京：商务印书馆，1984：184.

和。实践不是纯粹的精神性的活动，而是改造客观世界的物质性的活动，实践包括主观与客观两个方面，既是主客观相互矛盾产生的过程，也是主客体相互作用的过程。

另一方面，实践是人类自我完善的活动。“人是通过自己的劳动实践活动，自己创造出自己来的；人自身的活动，就是人之为人的根据……人通过这种活动不断改造周围外部世界的同时，又不断地丰富着自己的内部世界，发展着自己的本质特征，使人之为人永远处于一种创造、提升状态。”[1] 明确指出实践决定认识，是检验真理的唯一标准。

实践以主体、客体和中介三个要素为基础。通过主体、客体和中介三个要素的相互作用使个体得到教育，实现全面发展，同时，个体在更广阔的范围内来教育和影响包括自身在内的他人。其中，主体宏观上指社会成员，立足高校，具体指专任教师、行政人员、后勤人员和大学生等。客体宏观上指环境。中介宏观上指社会成员开展生态文明实践的各种媒介，立足高校，具体指专业实践、学科竞赛、社会实践、志愿服务等平台和活动。

实践具有客观现实性、主观能动性、社会历史性等特征。

第一，客观现实性。一是实践的主体、对象和实践的手段都是客观的；二是实践活动开展的过程也是客观的；三是实践活动取得的成果也是客观的。

第二，主观能动性。实践是人类开展的有目的、有意识地作用于实践客体的活动，与动物简单地为了生存目的而进行的低级的、本能的活动不同。

第三，社会历史性。实践主体的实践活动是在一定的社会关系中进行的，个人的实践离不开一定的社会环境和社会成员的支持。同时，一定时期的实践活动还受到历史条件的制约，不仅受到经济社会发展条件的制约，还与不同社会时期的社会背景、教育发展情况、教育政策等密切相关，具有很强的历史性。

二、育人

育人的观念在我国传统文化中渊源深厚，由来已久。“育”字在汉语词

[1] 孙伟平．事实与价值之间［M］．北京：中国社会科学出版社，2001：61.

典中有三种解释：第一，生育之意，如生儿育女等；第二，养活之意，如养育、富裕等；第三，指按照一定的目的长期的教导和训练，如德育、体育等。三种不同解释的核心都是个体的成长。

从教育的角度出发，育人从字面上讲就是培养人、塑造人、改造人的意思。孔子在教育过程中提出了“君子博学于文，约之以礼”的教育理念，即要求学生学习老师教授的内容，不仅要包括各种文化知识，还要包括社会的行为规范和道德礼数。伴随着儒家思想的进一步发展和演化，逐渐形成了一系列比较系统的“仁”“义”“礼”“智”“信”等教育思想。《大学》系统地给出了“格物”“正心”“修身”等一系列做人和育人的准则。这些传统的育人理念，对中国古代传统文化和传统教育产生了重要影响，也一直为后世尊崇和传承。在阶级社会里，无论社会怎么发展，育人都具有鲜明的阶级性，都是为统治阶级服务的。占统治地位的阶级通过各种方式的教育，传播其倡导的政治思想和价值观，导致人的独立性及至整个人性的丧失。社会主义不同于阶级社会，对人的培养不是为少数人服务，而是为广大人民群众服务，是以人为中心、以人的自由全面发展为目的。

育人包含了三个要素：为谁育人、育什么样的人、通过什么途径育人。这三个问题辩证统一、不可分割。

一是为谁育人决定了育人的目的和要求、育什么样的人的性质和特点、育人的理念和方式方法，育什么样的人和通过什么途径育人从根本上说，是为谁育人服务。

二是育什么样的人是核心。教育活动是人类实践形式的一种，能够帮助人类在自然的存在物基础上，培养、发展人的社会化属性，从而使人从自然人成长为社会人，成为一个更加丰富、更加完善的人。

三是通过什么途径育人是方法。人作为教育的基本主体和基本对象，都是具体的社会存在，因此，在育人工作中教育工作者要充分尊重人的社会化属性，既要认识到所有教育对象作为社会成员的普遍性，又要认识到每一个教育对象的差异性和特殊性，从每一个教育对象的实际出发，尊重人的主体性为前提，突出人的主体地位和发挥人的主观能动性，才能保证育人工作取得实效。

结合我国高校的现状和发展要求，育人就是坚持以人为本的基本理念，尊重教育基本规律和学生身心发展规律，充分尊重学生的个性，利用各种教育手段，充分挖掘和培养学生的潜能，从思想品德、知识结构、能力素质等方面对学生进行全面教育和培养，不断提升学生的综合素质和可持续发展能力，努力使之成为德智体美全面发展的社会主义建设者和接班人。

三、实践育人

毛泽东曾经说过，青年学生“既要读有字之书，又要读无字之书。”“有字之书”指的是教材上的知识，“无字之书”指的就是实践。

实践育人是根据社会需要培养全面发展人才的一种育人方式。立足我国实际，实践育人是基于马克思主义基本原理和中华优秀传统文化，遵循教育教学规律、学生成长规律，实现学生全面发展的新型育人方式。具体来说，要实现三个结合：

一是理论与实践的结合。学生在学校的主要任务是学习和掌握系统的科学理论知识，但检验学习的成效就需要将这些理论知识付诸实践，在实践中加以应用。学生只有在实践中才能感觉到社会需要、自己能力的不足，才会受到激励更好地学习理论知识、掌握现代科学技术、进行知识创新、运用所学的知识去帮助解决现实问题。

二是脑力劳动与体力劳动相结合。劳动的形态主要分为体力劳动和脑力劳动两种。学生理论学习的过程很大比例是脑力劳动，而锻炼体魄、磨炼意志、培育品格很大程度要靠体力劳动，而要进一步把自己的学习成果、研究成果转变为物质成果，必须经过脑力劳动和体力劳动的结合，把学习掌握的科学知识转化为生产实践，使理论对象化或脑力劳动成果对象化。

三是学生与人民相结合。学生长期以来的活动空间是从学校到学校，接触更多的是学校里的老师和学生，对社会了解不深，与广大人民群众的感情不够。作为社会主义的合格建设者和可靠接班人，要树立正确的群众观、劳动观和利益观，要通过社会实践接触人民、了解人民、熟悉人民，着力培养自己和广大人民群众的深厚感情，牢记和践行党倡导的全心全意为人民服务的宗旨，把自己培养成为人民需要的青年，真正实现学习理论知识与加强思想修养的统一、实现自身价值与服务祖国人民的统一、树立远大抱负与脚踏实地艰苦奋斗的统一。

从宏观上讲，高校实践育人是集育人理念、育人手段和育人过程于一体的整体概念，是指大学生以在课堂上获得的理论知识和间接经验为基础，通过开展与大学生成长成才密切相关的各种应用性、综合性、导向性的实践活动，进行知识的应用和再创造，并最终转化为大学生的综合素质和能力，更有效地服务生产实际和产业发展。2012 年，教育部、中宣部、财政部等七部印发了《关于进一步加强高校实践育人工作的若干意见》，明确指出“进一步加强高校实践育人工作，是全面落实党的教育方针，把社会主义核心价值体系贯穿于国民教育全过程，深入实施素质教育，大力提高高等教育质量的必然要求。”

从微观上讲，高校实践育人是提高大学生思想政治教育实效的重要途径。2017 年，教育部党组印发《高校思想政治工作质量提升工程实施纲要》，提出“充分发挥课程、科研、实践、文化、网络、心理、管理、服务、资助、组织等方面工作的育人功能，挖掘育人要素，完善育人机制，优化评价激励，强化实施保障，切实构建‘十大’育人体系”。实践育人作为“十大”育人体系的重要构成，要坚持理论教育与实践养成相结合，整合各类实践资源，强化项目管理，丰富实践内容，创新实践形式，拓展实践平台，完善支持机制，教育引导师生在亲身参与中增强实践能力、树立家国情怀。

高校实践育人具有一定的特殊性，包括育人主体、育人目的、育人内容、育人形式和育人作用的特殊性。

第一，育人主体的特殊性。高校实践育人的主体是大学生。大学生是一个处于成长期的社会群体，他们的实践活动以学习知识、掌握技能和提升综合素质为主要任务，这就决定了他们与一般实践活动的实践主体有本质不同。

第二，育人目的的特殊性。一般都在高校组织下开展，具有明确的导向性。实践的目的主要是大学生在实践活动学习，获得新的理论知识和实践技能，同时把先前的理论知识加以检验，努力实现自身理论学习和社会实践相结合，丰富自身的知识体系和能力结构，进而促进自身的全面可持续发展。

第三，育人内容的特殊性。高校实践育人是大学生为主体的实践活动，大学生作为在校学生，其主要任务是学习，主要活动场所是学校。大学生的这些特点就决定了实践育人的相关内容必须与大学生这一特殊群体的基本特征相对应。

第四，育人形式的特殊性。高校实践育人主要通过五个方面的结合来提高育人的效果，即与专业学习相结合、与勤工助学相结合、与服务社会相结合、与择业就业相结合和与创新创业相结合，具体形式主要有生产劳动、科学实验、教学实习、军政训练、勤工助学、义务支教、志愿服务、创新创业、挂职锻炼和生存训练等。

第五，育人作用的特殊性。大学生正处于世界观、人生观、价值观形成的关键时期，高校开展的实践活动对于自身的教育和锻炼意义非常重要。实践育人是培养大学生实践能力和创新能力的重要途径，也是培养大学生健康个性和健全人格的重要手段，对于大学生的全面发展具有重要的促进作用。

四、农林院校实践育人

农林院校是指以从事农科教学和农林科研为办学特色，以培养服务于乡村振兴和农业农村现代化的知农爱农新型人才为办学目标，以助力国家在农林领域战略发展需求为办学使命的专业类院校。

我国是一个农业大国，农业作为我国国民经济的基础，决定了农林院校是整个高等教育学校系统的一个重要组成部分，担负着为农业现代化提供高素质人才、知识贡献、科技创新、文化传承与创新的特殊使命。

新中国成立以来，我国举办涉农专业的本科高校 538 所、高职院校 162 所，基本形成了多层次、多类型、多样化，具有中国特色的高等农林教育体系。根据隶属部门来看，农林院校可分为教育部直属高等农林院校和地方所属高等农林院校。其中，教育部直属高等农林院校多为研究型或研究教学型高校，该类高校以培养高层次农林人才和产出高精尖农林科研成果为办学使命；地方所属高等农林院校多属于应用研究型或应用型高校，致力于通过提升人才培养的实用性、增强教学模式的创新性、提高服务供给的精准性，培养能够满足国家农业经济社会发展和农林产业发展所需的复合型、应用型农林人才[1]。根据培养层次看，可分为专科教育、本科教育和研究生教育。

农林院校实践育人是基于实践的观点，以提高大学生实践能力为主线，整体设计实践教育体系，整合课内外、校内外实践教育资源和平台，优化实践教育活动和环节，健全实践教育运行、保障和激励机制，形成有利于农林院校培养大学生实践观念、创新精神和实践能力的新型育人模式。

农林院校实践育人基于新农科的知识体系，通过服务现代农林业发展的相关实践，全面提高大学生的素质和能力。

新农科建设背景下，农林院校致力于培养具有“三农”情怀、掌握农业科学技术和基本的管理理念、具有创新创业能力的新型农业人才，农林院校大学生实践能力被赋予了新的时代内涵，尤其“三部曲”对新农科人才培养指明了前进方向。具体来说，“安吉宣言”从宏观层面提出面向新农业、新农村、新农民、新生态的新农科发展理念，“北大仓行动”从中观层面提出深化高等农林教育改革的“八大行动”方案；“北京指南”从微观层面提出实施新农科研究与改革的“百校千项”新计划。

为全面贯彻党的二十大精神，深入贯彻落实习近平总书记给全国涉农高校的书记校长和专家代表重要回信精神和考察清华大学时的重要讲话精神，2022年，教育部办公厅等四部门发布《关于加快新农科建设　推进高等农林教育创新发展的意见》，就进一步加快新农科建设，推进高等农林教育创新发展提出了指导意见，关于农林院校大学生实践育人质量提升的相关要求有：

第一，转变高等教育理念。当前，科技革命和产业变革蓄势待发，经济和社会形态将发生根本性变化；国际格局正在深度调整，大国战略博弈加剧，各国产业结构面临重构，世界进入以创新主导发展时期。新农科建设要求农林院校主动迎接新一轮科技革命和产业变革的行动，培养农业人才，促进农业方面人力资本的结构转型，为国家乡村振兴发展和生态文明建设培养“懂农业、爱农村、爱农民”的复合型人才。

---

[1] 吴业春. 地方应用型大学建设：定位、定向与定力［J］. 国家教育行政学院学报，2020（10）：11－16.

第二，加强知农爱农教育。把习近平总书记关于“三农”工作的重要论述作为涉农高校教书育人的重要内容，融入课堂教学，贯穿人才培养各环节，引导学生学农知农、爱农为农。加强和改进耕读教育，将相关课程纳入人才培养方案，作为涉农学科专业学生的必修课，加强“大国三农”“耕读中国”“生态中国”等农林特色通识教育课程体系建设，弘扬耕读传家优秀传统文化，发挥耕读教育树德、增智、强体、育美等综合性育人功能。

第三，推动课程教学改革。立足农业科技进步和农林产业发展需求，以人才培养目标为导向，优化教学内容和课程体系，完善课程考核评价体系，建立多元化的考核评价体系，注重过程性考核与结果性考核有机结合，综合应用多种形式，着力培养学生的创新意识和创新能力。

第四，优化实践教学基地。建设一批综合性共享实践教学基地，集成优化实践教学资源，系统构建农林院校优质实践教学平台，打造一批核心实践项目。依托种质资源库（圃）、农业科技园区、现代农业产业科技创新中心、林草产业示范区等平台建设一批新型农林科教合作实践教学基地，把人才培养作为基地所依托平台的建设和评价重要内容，发挥好基地的综合育人功能。建设一批耕读教育实践基地，支持涉农高校依托农业文化遗产地、自然文化遗产地、农业园区、国家公园、美丽宜居村庄等社会资源，拓展丰富教学场所，强化耕读实践教学。提高师资队伍能力与水平。帮助教师创造更多接触多学科领域的学习机会，丰富教师的多学科知识背景和生产实践能力，提高教师的科研指导能力。

第五，打造高水平师资队伍。强化教师思想政治素质和师德师风建设，常态化开展农林院校教师教育教学能力提升培训。加大“双师型”教师建设力度，支持涉农高校选派教师到农林企业挂（兼）职锻炼，选聘科研院所、企业一线专家任兼职教师或导师，加强“双师”结构教学团队建设。

第二章　生态文明视域下农林院校实践育人的理论基础

生态文明视域下农林院校实践育人研究具有深厚的理论基础，涉及教育学、管理学、社会学和生态学等多个学科领域，要从跨学科视角推进生态文明视域下农林院校实践育人的理论研究，构建研究范式。

第一节　从教育学视角看生态文明视域下农林院校实践育人

生态文明视域下农林院校实践育人与人的发展、德育等息息相关，离不开人的全面发展理论、道德教育实践理论和生活教育理论等理论的有力支撑。

一、人的全面发展理论

人的全面发展不仅指人的劳动能力以及人的社会关系等方面的发展，也指人的需要及其个性等方面自由而全面的发展。其内涵包括：

第一，人的全面发展是指人的劳动能力的全方面提高。所谓人的劳动能力的全面发展也包含了体力、智力、个性以及交往能力等各方面的才能与能力的协调发展。

第二，人的全面发展也标志着人的社会关系得到全面发展。马克思提出人的发展是一个从片面逐步走向全面的过程，人的发展分为三个阶段，即人的依赖关系阶段、以物的依赖性为基础的人的独立性阶段、建立在个人全面发展基础上的自由个性阶段。在人类发展的前两个阶段，人的发展程度受到各种各样的限制。进入第三个阶段，生产力极度发达，物质资料极度丰富，私有制被消灭，旧的分工被消除，社会生产能力成为人们的社会财富，每个人都能获得自由全面的发展，劳动成为一种快乐。

第三，人的全面发展也意味着人的个性能够得到充分发展。通过个人优势、特长和兴趣的发展，彰显个体的生命意义和价值。

第四，人的全面发展还指人的需要能够得到全面的满足。随着生产力的发展，每个人都能全面提升对需要的认识水平，自觉地、自发地探寻并提出合理的理性需要，让需要推动个人最终实现人的全面发展。

人的全面发展实现路径有：

第一，充分发展生产力构筑人的全面发展的物质基础。生产力大力发展不仅仅是社会发展的前提，也是人生存与发展的前提。与此同时，鉴于生产力的发展，人们的自由时间获得了解放，这为人的全面发展又提供了广阔的时间空间。

第二，以社会关系的改造来促进人的全面发展。只有消灭剥削、消除私有制，实现共产主义，才能消除人的异化，实现人的自由全面发展，“代替那存在着阶级和阶级对立的资产阶级旧社会的，将是这样一个联合体，在那里，每个人的自由发展是一切人的自由全面发展的条件。”[1] 其中，集体组织是促进人的全面发展的基础和平台。因为人作为一种社会的主体，在日常社会生活中总是置身于家庭、政党、学校、医院、企业等各类大大小小、形形色色的组织中，在组织中进行实践活动，满足个人社会交往、劳动能力以及个性发展的需求，所以人需要不断进行社会交往，在社会中通过个人实践促进个人劳动能力、自由个性和社会关系的全面发展。“只有在集体中，个人才能获得全面发展其才能的手段，也就是说，只有在集体中才可能有个人自由”[2]。

第三，重视教育在人的全面发展中的作用，要坚持与生产劳动相结合。“未来教育对所有已满一定年龄的儿童来说，就是生产劳动同智育和体育相结合，它不仅是提高社会生产的一种方法，而且是造就全面发展的人的唯一方法”[3]。

第四，重视人的主观能动作用的发挥。人们拥有了更多的可供个人支

[1] 马克思恩格斯选集（第1卷）［M］. 北京：人民出版社，2012：422.
[2] 马克思恩格斯全集（第3卷）［M］. 北京：人民出版社，2002：84.
[3] 马克思恩格斯选集（第2卷）［M］. 北京：人民出版社，2012：230.

配的时间，人们可以在自己感兴趣的科学、文化、艺术等领域得到发展，人的需求将得到极大的满足。“任何人都没有特殊的活动范围，而是都可以在任何部门内发展，社会调节着整个生产，因而使我有可能随自己的兴趣今天干这事，明天干那事，上午打猎，下午捕鱼，傍晚从事畜牧，晚饭后从事批判，这样就不会使我老是一个猎人、渔夫、牧人或批判者”❶。

二、道德教育实践理论

在人类思想史上，“道德根本上是实践的”是一个绵亘古今的主题。关于道德教育实践的思想萌芽可以回溯到古希腊时期。苏格拉底有许多关于培养人“德行”实践的观点，而亚里士多德也特别强调道德活动和道德习惯的培养，他认为伦理学这门科学的目的不是知识，而是实践。

我国古代也倡导知行合一、注重品德践履。春秋时期孔子在《论语》开篇提到“学而时习之”，后在《论语·公冶长》中有云“吾始于人也，听其言而信其行；今吾于人也，听其言而观其行。”《中庸》十九章提及“博学之，审问之，慎思之，明辨之，笃行之。”战国时期荀子提出“不闻不若闻之，闻之不若见之，见之不若知之，知之不若行之。”北宋司马光曾提出“学者贵于行之，而不贵于知之”。南宋陆游曾说“纸上得来终觉浅，绝知此事要躬行”，理学家朱熹提出“知行常相须”“论先后，知为先；论轻重，行为重”“知之愈明，则行之愈笃；行之愈笃，则知之益明”。明代王阳明提出“知行合一”，强调要知更要行，知中有行，行中有知。清初王夫之强调“知行相资以为用”“并进而有功”，认为“力行而后知真”。

进入近代，苏联早期著名的教育实践家、教育理论家和教育改革家安·谢·马卡连柯认为，组织良好的劳动可以培养学生的良好品质，促进学生全面发展。美国教育家弗雷德·纽曼也强调学习者的观察与实践的重要性，强调注重公民社会行动方面的教育和个体社会行为的培养，相当于我们所说的“学思行结合”“知行统一”。

道德教育实践的含义主要包括：

第一，道德生活乃是个人现实生活的一部分，是主体创造的结果。

---

❶ 马克思恩格斯选集（第1卷）[M]. 北京：人民出版社，2012：165.

第二，活动或实践道德生活不仅是实现其他目的的手段，而且活动、实践本身就是目的。

第三，把实践道德生活本身作为目的，其更深刻的内涵在于认定：道德、道德生活本身是开放的而非封闭的、发展的而非静止的，在于确认道德生活的目的就是为了更好地履行道德生活。

道德教育实践的目的是：

第一，培养“脑力劳动无产阶级”。本着无产阶级的利益和诉求出发，培养“负有使命同自己从事体力劳动的工人兄弟在一个队伍里肩并肩地在即将来临的革命中发挥巨大作用”的“脑力劳动无产阶级”。

第二，培养忠于共产主义事业的新人。“这一代青年努力的结果是建立一个与旧社会完全不同的社会，即共产主义社会。”[1]

第三，培养全面发展的人。恩格斯在《共产主义原理》中强调：要培养“通晓整个系统的人”“教育可以使年轻人很快就能够熟悉整个生产系统……摆脱现代这种分工为每个人造成的片面性”“能够全面地发挥他们各方面的才能”[2]。

道德教育实践的路径有：

第一，无产阶级斗争的实践。“苏维埃工农共和国的整个教育事业，都必须贯彻无产阶级阶级斗争的精神。”[3]

第二，通过“灌输”。列宁指出科学的社会主义理论、先进的思想意识是不会自然而然地在无产阶级者们的头脑中所产生，必须要借助于一些外部条件进行人为的干预，即通过“灌输”来统一思想认识。

第三，与生产劳动相结合。马克思、恩格斯在《共产党宣言》中指出：“把教育同物质生产结合起来”[4]。

第四，教师要参与到“政治教育者队伍”之中。教师应该首先接受最先进的理论，接受党的思想教育。

第五，加强实践教育。全部社会生活的本质是人类的实践过程，因此，要通过社会实践活动加深人们对于道德的认识，从感性的、片面的认识提

---

[1] 列宁选集（第 4 卷）[M]. 北京：人民出版社，1972：344.

[2] 共青团中央团校. 革命领袖论青年和青年工作 [M]. 北京：中国青年出版社，1984：39.

[3] 列宁选集（第 4 卷）[M]. 北京：人民出版社，1972：361.

[4] 马克思恩格斯选集（第 1 卷）[M]. 北京：人民出版社，2012：272.

升为理性的和全面的认识。

1961年，中共中央正式批准试行《教育部直属高等学校暂行工作条例（草案）》（简称“高教六十一条”），提出“坚持中国共产党对社会主义教育事业的领导，坚持社会主义的办学方向，坚持德智体全面发展、知识分子和工人农民相结合、脑力劳动与体力劳动相结合的正确方针”，正式确立了理论育人与实践育人在人才培养中的两大重要体系。2012年，《关于进一步加强高校实践育人工作的若干意见》明确指出“实践教学、军事训练、社会实践活动是实践育人的主要形式……社会调查、生产劳动、志愿服务、公益活动、科技发明和勤工助学等社会实践活动是实践育人的有效载体”。2016年，中共中央、国务院印发了《关于加强和改进新形势下高校思想政治工作的意见》，明确提出“坚持全员全过程全方位育人。把思想价值引领贯穿教育教学全过程和各环节，形成教书育人、科研育人、实践育人、管理育人、服务育人、文化育人、组织育人长效机制”。党和国家对高校实践育人工作的重视达到了一个前所未有的高度。

三、生活教育理论

在历史悠久的中华优秀传统文化中，有着知行统一思想的悠久源流。春秋战国时期，先秦儒家学者强调认知与践行的统一。《论语》中记载了许多有关的思想和观念，如“子以四教：文、行、忠、信”。孔子认为教育的基本目的是培养志道和弘道的志士和君子。孔子说“始吾于人也，听其言而信其行；今吾于人也，听其言而观其行。”孔子还认为认识一个人不仅要听其言，还要观其行，强调了做人做事知行统一的重要性。荀子也说“知之不若行之”，强调实践在认识事物中的重要作用。《大学》指出“大学之道，在明明德，在亲民，在止于至善”，大学的核心在于培育品德与行为有机统一、具有完整人格的人。《中庸》一书则指出“博学之，审问之，慎思之，明辨之，笃行之”，即求学之道在于广泛的多方面学习，详细地问，慎重地思考，明确地分辨，踏踏实实地行。明代王阳明在“龙场悟道”后提出“知行合一”学说，主张心与理、知与行相统一。他说，“知是行的主意，行是知的功夫，知是行之始，行是知之成”，强调了认识与实践的关系。王阳明认为“知”与“行”是一个动态的有机整体，两者相互联系、相互包容，两者自然地构成同一个行为实践过程。王夫之说，“知之尽，则实践之始而已”“力行然后知之真”“行可兼知，知不可兼行”“知行始终不相离，存心亦有知行，致知亦有知行”，他认为知行始终不可分割，相互渗透相互作用，二者相互作用才能取得更大的效果。

20世纪初，美国著名的教育家约翰·杜威认为观念、知识、经验都是从亲身经历中得来的，“一切学习来自经验”“真正的理解是与事物怎样动作有关的，理解在本质上是联系动作的”，强调“教育即生活、教育即生长、学校即社会”，要“从做中学”“从做中思”。

我国著名教育家陶行知先生深受中华优秀传统文化和近代美国教育思想的影响，从我国国情出发，对杜威的实用主义教育理论进行了批判性的吸收和改造。他提出教育应与生产劳动相结合、与社会生活相结合的教育思想，创立了以生活实践为基础的生活教育理论。其中，“生活即教育”是生活教育理论的核心。他认为生活的性质和内容决定了教育的性质和内容，一个人“过什么生活便是受什么教育；过好的生活，便是受好的教育，过坏的生活，便是受坏的教育”❶。

生活教育就是在生活中受教育，教育在种种生活中进行，如果教育不能与生活很好地结合，教育也将难以得到落实。“社会即学校”是生活教育理论的另一个重要命题。陶行知先生认为自有人类以来，社会就是学校。在社会这个大学校里，教育的材料、方法、工具和环境，都可以得到大大的增加，通过社会生活中的教育，可以彻底改变传统教育与生活、学校与社会相脱节、相隔离的现象。“教学做合一”是生活教育理论的教学论。他认为“做是发明，是创造，是实验，是建设，是生产，是破坏，是奋斗，是探寻出路”“教而不做，不能算是教；学而不做，不能算是学。教与学都以做为中心”❷，教育必须有个人经验作基础，才能了解和运用人类全体的经验。

教育学相关理论给生态文明视域下农林院校实践育人带来的启示有：

第一，要尊重实践主体的主体性，要始终关注实践主体的成长过程，注重发掘实践主体的创造潜能，通过实践教育促进学生的全面发展。

---

❶ 董宝良．陶行知教育论著选［M］．北京：人民教育出版社，1991：390.

❷ 华中师范学院教育科学研究所．陶行知全集（第2卷）［M］．长沙：湖南教育出版社，1984：289.

第二，要充分认识到实践在人才培养中的重要作用。学生只有以自己的直接经验为基础，通过实践才能检验知识的真伪，才能真正理解和掌握理论知识的真谛。

第三，要把教师和学生统一起来。教师要注重引导学生发展，最大限度地调动学生参与实践教育的积极性和创造性，使学生学会学习，培养独立观察、思考、分析、判断和解决问题的能力；而学生要在教师的引导下发挥主体作用，最大限度地掌握获取直接经验和间接经验的方法，积极实践、敢于探索、勇于创新，真正做到理论与实践、知识与品行、思想与行为相统一，使自己成为具有良好品行、身心健全、全面发展的时代新人。

第二节　从管理学视角看生态文明视域下农林院校实践育人

生态文明视域下农林院校实践育人涉及平台建设、课程开发、教学体系建设等，离不开管理学基本理论的支撑。

一、协同理论

协同理论发端于20世纪70年代，由德国著名理论物理学家赫尔曼·哈肯创立的系统科学的重要分支理论。哈肯认为，“协同学即‘协调合作之学’，旨在发现结构赖以形成的普遍规律。”❶

协同理论主要研究远离平衡态的开放系统在与外界有物质或能量交换的情况下，如何通过自己内部协同作用，自发地出现时间、空间和功能上的有序结构。协同论以现代科学的最新成果，如系统论、信息论、控制论、突变论等为基础，吸取了结构耗散理论的大量营养，采用统计学和动力学相结合的方法，通过对不同的领域的分析，提出了多维相空间理论，建立了一整套的数学模型和处理方案，在微观到宏观的过渡上，描述了各种系统和现象中从无序到有序转变的共同规律。

其基本思想主要包含协同效应、“伺服”原理和自组织原理，旨在研究

❶ 赫尔曼·哈肯．协同学：大自然构成的奥秘［M］．上海：上海译文出版社，2001．

系统从无序到有序，发掘系统组织的最佳状态和功能。其中，协同效应是指由于协同作用而产生的结果，即复杂开放系统中的各个子系统因相互协同而产生“1＋1＞2”的整体效果。“伺服”原理也称为支配原理，即“序参数（序参量）支配各个部分。序参数（序参量）好似一个木偶戏的牵线人，他让木偶们跳起舞来，而木偶们反过来也对他起影响，制约着他。支配原理在协同学中起着核心作用。”序参量是协同理论最重要的一个概念，指在系统演化过程中通过变化引起新结构形成的某个参量，它代表着系统的“序”或状态，起着支配各子系统、主宰系统整体演化发展的作用。自组织原理则指系统在没有外部指令的环境下，内部子系统之间按照某种既定的规则自动形成某种结构或功能，使自身得到不断优化的过程。

协同理论尽管是一门新兴的科学，但已被广泛应用于自然科学和社会科学领域，它使复杂系统内部各个子系统和系统内各要素之间为实现共同的目标而形成时间、空间和功能上的有序结构，进而提高工作成效。

二、社会系统理论

美国管理学家切斯特·巴纳德认为组织是一个复杂的社会系统，应从社会学的观点来分析和研究管理的问题。由于他把各类组织都作为协作的社会系统来研究，后人把由他开创的管理理论体系称作社会系统学派。

社会系统学派的主要内容包括：

第一，组织是一个是由个人组成的协作系统，个人只有在一定的相互作用的社会关系下，同他人协作才能发挥作用。

第二，组织作为一个协作系统具有三个基本要素：信息交流、作贡献的意愿、共同的目的。

第三，组织是两个或两个以上的人所组成的协作系统，管理者应在这个系统中处于相互联系的中心，并致力于获得有效协作所必需的协调，因此，经理人员要招募和选择那些能为组织目标的实现而作出最好贡献并能协调地工作在一起的人员。为了使组织的成员能为组织目标的实现作出贡献和进行有效的协调，巴纳德认为应该采用“维持”的方法，包括“诱因”方案的维持和“威慑”方案的维持。“诱因”方案的维持是指采用各种报酬奖励的方式来鼓励组织成员为组织目标的实现作出他们的贡献，“威慑”方

案的维持是指采用监督、控制、检验、教育和训练的方法来促使组织成员为组织目标的实现作出他们的贡献。

第四，经理人员的作用就是在一个正式组织中充当系统运转的中心，并对组织成员的活动进行协调，指导组织的运转，实现组织的目标。根据组织的要素，经理人员的主要职能是提供信息交流的体系、促成必要的个人努力、提出和制定目的。

社会系统学派的特点是把管理者的职能归结为提供信息交流的体系、促成个人付出必要的努力和规定组织的目标，从而把管理者的职能作用同组织的要素联系起来，同组织的生存和发展联系起来，从组织的要素来分析管理的职能。

三、行为科学理论

行为科学学派从心理学、社会学角度侧重研究个体需求、行为，团体行为、组织行为和激励、领导方式，认为人不仅仅是“经济人”，同时还是“社会人”，将人的管理提升到所有管理对象中最重要的地位。

行为科学理论的核心观点包括：马斯洛的需要层次理论、赫兹伯格的双因素理论、麦格雷戈的“X 理论－Y 理论”等。马斯洛的需要层次理论认为，人的需求取决于他已经得到什么，尚缺少什么，只有尚未满足的需求能够影响行为；人的需求都有轻重层次之分，某一层需求得到满足后，另一个需要才出现。需求分为生理上的需求、安全上的需求、情感和归属的需求，尊重的需求、自我实现的需求，按层次逐级递升。

赫兹伯格的双因素理论认为引起人们工作动机的因素：一是保健因素；二是激励因素。只有激励因素才能够给人们带来满意感，而保健因素只能消除人们的不满，但不会带来满意感。麦格雷戈的“X 理论－Y 理论”认为人的行为分为两种，X 理论指人本性是坏的，一般人都有好逸恶劳的、尽可能逃避工作的特性；而 Y 理论与 X 理论相反，指人一般不懒惰，他们对工作的喜爱和憎恶取决于这份工作对于他们是一种惩罚还是奖励，在正常情况下人们愿意承担责任，热衷于发挥自己的才能和创造力。

行为科学理论促进了管理对象重心转变和管理方法转变：

一是强调要重视人的作用；把管理的重点放在人及其行为的管理上。

这样，管理者就可以通过对人的行为的预测、激励和引导，来实现对人的有效控制，并通过对人的行为的有效控制，达到对事和物的有效控制，从而实现管理的预期目标。

二是管理方法由原来的监督管理转变到人性化的管理，强调人的欲望、感情、动机的作用，因而在管理的方法上强调满足人的需要和尊重人的个性，以及采用激励和诱导的方式来调动人的主动性和创造性，借以把人的潜力充分发挥出来。

管理学相关理论给生态文明视域下农林院校实践育人带来的启示有：

第一，生态文明实践育人是一个开放的系统，也是一项复杂的系统工程，存在着大量的非线性活动和无序状态，它涉及的因素和变量较多，变量之间的关联性非常强，既需要协调高校内部之间，也需要协调高校与政府、企事业单位、社会组织和家庭等之间的关系，需要紧紧围绕“立德树人”这个根本任务和“人才培养”这个目标，有效统筹高校内部相关教育资源，加强子系统之间的相互联动。

第二，生态文明实践育人需要构建科学的体制机制，通过顶层设计、组织实施、评价反馈与优化提升来实现各方面资源力量的科学配置和有序运行，协同推进实践育人工作的深入开展。反之，如果没有构建有效的体制机制，各子系统就有可能演变为无序的耗散结构，不利于育人目标实现。

第三，生态文明实践育人要关注学生的成长需求，发挥学生的能动作用，通过实践教育促进学生的全面发展。

第三节　从社会学视角看生态文明视域下农林院校实践育人

生态文明视域下农林院校实践育人的教育目的是提高大学生的生态文明知识、能力和素养，服务和推进生态文明建设，离不开社会发展理论、社会实践理论和沟通行动理论等理论的支撑。

一、社会发展理论

社会发展理论指的是探讨社会变迁规律性及其具体表现形式的学说。

广义的社会发展理论包括哲学、经济学、政治学和人类学关于社会发展的研究，它探讨人类社会发展的一般规律性。狭义的社会发展理论又称“发展社会学”，特指社会学对社会发展问题的研究，主要探讨社会发展的现代化理论、模式、战略及具体政策。

20 世纪 50—60 年代，社会发展理论主要有两个主要理论流派：

第一，现代化理论。把传统社会看作特殊主义的、以农业为主的、注重身份名位的、静止的、职业分化简单的社会，把现代社会看作普遍主义的、以工业为主的、注重成就的、动态的、职业分化复杂的社会。认为传统社会和现代社会是两种具有相互排斥特征的社会，由传统向现代演进的过程就是现代化。

第二，依附理论。认为现代化理论的“西方化”实际上就是一个将发展中国家纳入以西方发达国家为主导的“中心——边陲”经济体系的依附化过程。强调发达国家对发展中国家贸易援助政策的剥削性和跨国公司的掠夺性。

从 20 世纪 70 年代中期开始，社会发展理论进入转折时期。现代化理论开始分化，一部分人将兴趣转移到西方发达国家本身的社会发展问题上，主要研究新的科学技术革命对西方发达国家的影响，即未来学研究，另一部分人仍然专注于研究发展中国家的社会现代化问题。依附理论逐渐发展为“世界体系论”，从体系的角度研究世界整体的发展问题。

二、社会实践理论

法国思想大师皮埃尔·布尔迪厄认为古典社会体现了主观论与客观论的一种对立。主观论者往往对信念、欲望、行动者的判断等估计过高，而客观论者则力图从物质、经济条件、社会结构或文化逻辑等方面来解释社会思想与行为，并把这些因素看成是非同一般的，比行动者的象征结构、经验和行为更为强有力的东西。但无论是客观论还是主观论都不可能真正理解社会生活。布尔迪厄指出，既要公平对待客观物质、社会的和文化的结构，又要公平对待正在建构的实践和个人与团体的经验。

社会实践理论不仅是现代社会学领域的一个重要分支，也是人类学领域的一种创新。其主要概念有：信念、惯习、场域、资本和策略等。其中，信念是那些经由社会化而根植于人们心中不容探讨和挑战的社会准则和价值。惯习是行为的标准化状态，是集体习惯或者说对应于特定位置的行为者性情倾向。场域是个人利益以及利益竞争客体化形成的各种资本形式，如经济资本、社会资本、文化资本或者象征资本，所形塑的社会情景。人们在特定的“场域”里各自发展自己的策略。布尔迪厄认为在性情倾向的原则下进行策略性的即席创作，不断产生新的结构，最终与限制它们的信念背景形成对峙。

三、沟通行动理论

沟通行动理论是德国哲学家、社会学家尤尔根·哈贝马斯提出的理论。哈贝马斯认为，人类不能以悲观的眼光看待社会的不合理想象，而是应该采取一种分析视角解决问题，即沟通行动理论。

沟通行动理论的主要内容包括沟通行动、言语的有效性、生活世界等：

第一，沟通行动是人们之间的一种用语言进行沟通的行动。沟通的目的是行动者为了协调相互的行动而进行的，这种行动以语言为中介，通过相互沟通而达到。要对语言进行分析，研究言语行为在什么情况下可以达到自己的目的，言语有效性基础是什么，揭示沟通行动得以顺利进行的条件是什么。

第二，言语的有效性包括可领会性要求、真实性要求、真诚性要求和正确性要求。可领会性要求是言语者必须选择一个可让对方领会的表达以便让听者理解，真实性要求即陈述的内容是真实存在的，真诚性要求是使听者能够相信说话者的话语，正确性要求是言语者要选择一种本身是正确的话语。

第三，生活世界是沟通行动得以实现的背景和前提。沟通行动是在生活世界进行的，生活世界使人类理性地进行沟通成为可能。沟通者正是在这个场所里交流沟通，互相理解表达他们的要求，取得共识，同时，促进生活世界的理性化。

此外，生态文明视域下农林院校实践育人的体制机制等还涉及组织社会学等理论和方法。

社会学相关理论给生态文明视域下农林院校实践育人带来的启示有：

第一，生态文明建设是中国特色社会主义“五位一体”总体布局的重要内容，是到21世纪中叶实现中华民族伟大复兴、建设富强民主文明和谐美丽的社会主义现代化强国的内在要求、重要表征和愿景目标。

第二，生态文明教育在生态文明的建设中占有重要的地位，是确保生态文明建设取得成效的重要保证。要依托农林院校的学科优势、学术资源和先进设施的同时，进一步整合有关社会力量参与生态文明理论与实践创新工作。

第三，生态文明实践育人要加强教学互动，提升育人质量，在人格层面促使师生自我观念的整合与建构，在社会层面促进社会协调与整合，在文化层面促进文化交流，孕育新的文化。

第四节　从生态学视角看生态文明视域下农林院校实践育人

生态文明视域下农林院校实践育人的教育内容紧紧围绕生态文明主题，涵盖了我国古代的生态伦理思想、生态伦理学理论和深层生态学理论等内容。

一、我国古代的生态伦理思想

中华传统文化博大精深、源远流长，以儒、道、佛三家为主的中华传统文化格局，从不同的层面探讨了天人关系，形成了各自的生态理论体系，这些思想不仅仅是中华五千年文明史得以延续发展的思想根基，更是现代生态伦理学健康生长的历史养分。

儒家的“万物一体”“天人合一”“参赞化育”等观念强调了人与自然的关系。如《论语》“子钓而不纲，弋不射宿。”《寡人之于国也》“不违农时，谷不可胜食也；数罟不入垮池，鱼鳖不可胜食也；斧斤以时入山林，材木不可胜用也。”《荀子·王制》“斩伐养长不失其时，故山林不童而百姓有余材也。”《吕氏春秋·览·孝行览》“竭泽而渔，岂不获得？而明年无鱼；焚薮而田，岂不获得？而明年无兽。”儒家的哲学思想揭示了人类要遵守自然法则，尊重自然万物，与自然和谐相处。

道家的“无为而治”“道法自然”“顺应自然”等观念提倡人类与自然的和谐共处。如老子《道德经》“道大，天大，地大，人亦大”“人法地，地法天，天法道，道法自然”；《老子》“是以圣人处无为之事，行不言之教。万物作而不辞，生而不有，为而不恃，功成而弗居。夫唯不居，是以不去”“见素抱朴，少私寡欲”。道家的哲学思想注重天、地与人的整体性与规律性，主张保持整个自然界的生态平衡。

佛教“万物有缘”“万物平等”的思想在规范人们对待他人、对待自然的行为中发挥了重要的作用。佛教认为众生之间地位平等，把尊重生命、珍惜生命作为善的最高标准，把不杀生作为众戒律之首。如《大智度论》“诸罪当中，杀罪最重；诸功德中，不杀第一”。佛教的哲学思想主张关爱生命、保护自然，追求人与自然的和谐。

二、生态伦理学理论

在环境伦理观念上，西方在很长一段历史时期内坚持“人类中心主义”的价值取向，这种价值取向最早在古希腊智者学派的普罗塔哥拉萌芽，他断言“人是万物的尺度”。随着文艺复兴对人性的高扬以及近代科学所显示出的人的理性的超凡力量，“人类中心主义”的价值取向得到加强。“人类中心主义”把人类放置在万事万物的中心地位，使人类自我成为一切价值的唯一尺度，强调人类的主体性和能动性，认为人类可以对自然进行总体性的设计、改造、干预和操纵，尽一切所能来满足人类多样化的需求。

“人类中心主义”造成了人类对自然的恣意掠夺和肆意破坏，最终危及人类自身的生存和发展。当代工业化的进程引发了生态危机。20 世纪 60 年代以来，随着全球生态环境问题日益突出，“人类中心主义”受到质疑与批判，提出了诸如动物解放或权利论、生物平等论和生态中心论等一系列“非人类中心主义”观点。它将调节人类行为的规范由传统伦理学中仅局限于人与人的关系上延展到人与自然的关系上，认为人类不是孤立存在的，人类离不开生生不息的大自然，故此应当把人类放回到周围环境中，与周围环境一道来理解和体会，大大拓宽了道德视野。“它不是站在人类这一个物种的角度来设计‘道德俱乐部’的规则，而是站在暂时忘记设计者的物种身份的角度来设计规则，以免这一规则在尚未设计出来之前带有对其他

物种的歧视成分。”[1]

“非人类中心主义”代表理论包括动物中心主义、生物中心主义、现代人类中心主义和生态中心主义等。他们认为，从生态学的角度看，存在和价值都不是一元的，而是多元化的。在互为因果的复杂的群落网状结构中，经过长期的、有机的分化，生物物种出现了多样化，生物圈也展现出生机盎然的景象，这种景象处于暂时的动态平衡状态。“分化—多样化—生机—动态平衡”是一个生生不息的循环过程。在这个过程中，任何物种的个体或群体增长都是有限的，企图通过过度的生产和消费实现无限制的增长从理论上是说不通的，从实践上讲也是行不通的。就人类的生存和发展来说，以人类自我为中心的加速增长必然会消耗大量的自然资源，从而带来巨大的环境损害和生态危机。哪怕是“绿色运动”者所主张的再循环和再利用，也很难解决好资源有限性与人类需求增长性和无限性的矛盾问题。

“非人类中心主义”主张在现有的有限的资源条件下追求“永续的发展”，强调人类是道德存在者，是生态关怀者，应当认识到自然不是机械性的自然，也不单单是生物性的自然；自然与人是合一的，自然服务于人，但人也应当服务于自然，人类身处自然之中，应当用心地生活、自觉地生活、有节制地生活、道德地生活。

三、深层生态学理论

深层生态学的主要代表人物有挪威哲学家阿伦·奈斯。他在《浅层生态和深层、长远的生态运动：一个概要》一书中，从不同角度批判人类中心主义，承认生态具有自我价值。在自然观方面，人是自然的一部分，必须尊重和保护自然，必须服从自然规律。在价值观方面，自然界具有自身的内在价值，把价值等同于对人类的价值是极大的偏见。在经济观方面，资源是生物的资源，减少污染优先于经济增长。在技术观方面，不能依赖科学技术，必须寻求解决环境问题的其他途径；技术应该是仆人而不是主人，不是必须拥有伤害我们的技术。在社会观方面，应该采用适度消费和再生利用的生活方式；世界人口增长到现在水平威胁到了生态平衡。在政

[1] 薛勇民．走向生态价值的深处——后现代环境伦理学的当代诠释［M］．太原：山西科学技术出版社，2006：53．

治观方面，解决环境问题的唯一方式是社会、经济、政治体制的全盘变革——必须摆脱工业化的生活方式；应当有强有力的法律来保护环境。[1]

深层生态学的“深层”是相对于“浅层”而言，浅层生态运动局限于人类本位的环境和资源保护，而深层生态主义主张通过社会、经济、政治体制的全盘变革来解决环境问题。可以看出，深层生态学的上述主张及其行动纲领在维护世界生态平衡和全人类的永续发展方面有巨大的推动作用。但是，深层生态学主要代表了发达国家的意识诉求，机械地把深层生态学应用于不发达国家带有明显的西方帝国主义色彩。对于温饱问题都没有解决甚至还在生存的死亡线上挣扎的落后地区的人民来说，保护环境、维护生态平衡更应该与本地的经济和社会发展状况相结合。

此外，生态文明视域下农林院校实践育人的教育方法也强调生态观念，体现了教育生态学等理论和方法。

生态学相关理论给生态文明视域下农林院校实践育人带来的启示有：

第一，要结合当前中国生态文明建设的实际，吸收我国古代生态伦理思想、西方生态伦理学理论的优秀成果，不断推进生态文明教育走向深入。

第二，要引导师生深学笃行习近平生态文明思想，认真把握蕴含其中的人与自然、保护与发展、环境与民生等辩证统一关系，持续深化对习近平生态文明思想理论品格和时代价值的认识，努力建设人与自然和谐共生的现代化。

---

[1] 余谋昌．环境哲学——生态文明的理论基础［M］．北京：中国环境科学出版社，2010：125－128.

第三章　生态文明视域下农林院校实践育人的发展历程和经验

生态文明视域下农林院校实践育人主要经历了环境教育、可持续发展教育、生态文明教育三个时期的发展历程，以环境教育为前身，在可持续发展理念的指导下不断丰富发展，并于21世纪初转向真正意义上的生态文明教育。经过长期的发展，农林院校生态文明实践育人发挥了认识、导向、调节、激励和提升功能，体现出导向性、参与性、体验性、渗透性、综合性、专业性、严密性和稳定性等特点。国内外生态文明教育也为农林院校生态文明实践育人提供了有益的借鉴。

第一节　环境教育时期农林院校实践育人

新中国成立初期，党和国家就发出了厉行节约、反对浪费的倡议。为了恢复生产，平衡开支，国家陆续发出《关于增加生产、增加收入、厉行节约、紧缩开支、平衡国家预算的紧急通知》和《关于进一步开展增产节约劳动竞赛，保证全面地完成国家计划的紧急通知》等。毛泽东同志先后提出，“在企业、事业和行政开支方面，必须反对铺张浪费，提倡艰苦朴素作风，厉行节约。在生产和基本建设方面，必须节约原材料，适当降低成本和造价，厉行节约。”❶ “什么事情都应当执行勤俭的原则，这就是节约的原则，节约是社会主义经济的基本原则之一”。❷ “要使我国富强起来，需要几十年艰苦奋斗的时间，其中包括执行厉行节约、反对浪费这样一个勤俭建国的方针。”❸

❶ 毛泽东文集（第7卷）[M]. 北京：人民出版社，1999：160.

❷ 毛泽东文集（第6卷）[M]. 北京：人民出版社，1999：447.

❸ 毛泽东文集（第7卷）[M]. 北京：人民出版社，1999：240.

此外，毛泽东同志、邓小平同志为核心的党的第一代、第二代中央领导集体也很重视植树造林、美化环境、水利建设、计划生育等工作。在“大跃进”之后，毛泽东同志明确提出，“要使我们祖国的河山全部绿化起来，要达到园林化，到处都很美丽，自然面貌要改变过来。”❶ “一切能够植树造林的地方都要努力植树造林，逐步绿化我们的国家，美化我国人民劳动、工作、学习和生活的环境。”❷ 在邓小平同志的关怀与支持下，我国成功建立了“三北”防护林体系工程，为我国改善生态环境、减少自然灾害建立了绿色屏障。关于水利建设，毛泽东同志认为兴修水利是保证农业增产的大事，要保证遇旱有水，遇涝能排，强调一定要把淮河修好，要把黄河的事办好。关于计划生育，邓小平同志积极倡导实施计划生育、协调发展经济与保护环境的基本国策。

毛泽东同志、邓小平同志的生态文明思想对当前我国开展生态文明教育具有许多有益的启发与借鉴意义。节约资源、反对浪费，植树造林、美化环境，兴修水利、促进农业增产、污染防治、废弃物利用等思想，仍然是当前我国生态文明建设的主要任务和重要内容。此外，也推动我国的生态环境保护与节能增效工作逐步走上了法治化轨道。

一、环境教育的提出（1948—1962 年）

第二次工业革命之后，伴随着经济发展，全球环境污染进一步加剧。出于对人类生存状况的忧虑，一些有识之士认识到进行环境保护、唤醒人们的环保意识的重要性。他们认为，开展普及性的民众环保教育是促使人们有效开展环境保护活动的第一环节。在这一历史大背景下，环境教育开始出现。

1948 年，国际自然和自然资源保护协会会议在法国巴黎召开，在这次会议上，托马斯·理查德使用了“环境教育”一词，自此，该词逐渐被人们所接受和重视，这次会议也因此成为环境教育诞生的标志性会议。❸

1949 年，联合国召开了资源保护和利用科学会议。随后，联合国教科

❶ 中共中央文献研究室，国家林业局．毛泽东论林业［M］．北京：中央文献出版社，2003：51.

❷ 中共中央文献研究室，国家林业局．毛泽东论林业［M］．北京：中央文献出版社，2003：77.

❸ Joy A．帕尔默．21 世纪的环境教育：理论、实践、进展与前景［M］．田青，刘丰，译．北京：中国轻工业出版社，2002：4.

文组织根据该次会议精神建立了自然保护国际联合基金会，在基金会的资金支持下，国际自然与自然保护联合会和国际环境教育委员会相继成立，承担起了环境教育的重任。环境教育由概念阶段正式步入实践阶段。[1]

1956年，国务院批准建立广东肇庆鼎湖山自然保护区，成为我国第一个自然保护区。我国环境保护事业孕育萌芽。

1958年，英国自然协会成立。该协会旨在增强人们的节约意识，号召人们注意自然资源的有限性，避免造成自然资源的过度消耗和全球环境的严重污染。

1960年，英国国家乡村环境学习协会正式成立，是国家环境教育协会的前身。

同年，前苏联颁布的《自然保护法》，明确规定必须在中等学校开展环境保护教育，要求把自然保护和资源再生列为学校教育的必修课，通过法律文件的形式将环境教育作为学校教育的一项重要内容，这在教育史上具有开创性的意义。

二、环境教育的发展（1962—1983年）

20世纪60年代以来，环境育人由少数国家向其他国家扩散，逐渐发展为全球性的行动纲领和实践活动。

1962年，美国海洋生物学家蕾切尔·卡逊所著的《寂静的春天》一书出版。该书指出，人类的活动对外部环境的影响是巨大的，随着工业化的推进，人类的生存环境越来越恶劣，如果任其发展下去，人类的生存必将难以为继。这部著作让世人受到了很好的环保教育，深深地触动了人们的心灵，引发了人们对自身行为的反思，对推动环境教育起到了极大的作用。

1964年，日本成立中小学教师污染控制措施研究会。

1968年，联合国教科文组织在巴黎召开了生物圈会议，强调“应该进行区域性调查，将生物学内容编入现在的教育课程体系中，同时在高校的环科系培养专门人才，推动中小学环境学习的建设以及设立国家培训和研

[1] 李久生．环境教育论纲［M］．南京：江苏教育出版社，2005：3.

究中心等”[1]，这标志着国际环境教育体系首次形成。

1969年，美国成立环境质量委员会，大力推行全国性的环境保护政策。为确保环境保护政策的有效实施，国会通过了世界上第一部《环境保护法》，其内容涉及环境教育、技术援助等6个大方面，倡导支持环境教育。

1969年，我国成立国务院计划起草小组，编制国民经济与社会发展计划，开始研究工业发展中的公害问题，学习国外治理公害的经验。

1970年，国际环境教育会议在美国内华达州召开，会议的主题是讨论在学校课程中设置环境教育内容。为更好地实行学校环境教育，会议第一次界定了环境教育的定义，即环境教育是一个过程，通过这个过程来认识价值、澄清概念，从而形成一定的态度，培养一定的技能，提出相应的解决问题的对策，并形成对自身行为的约束能力[2]，这是对环境教育作出的第一次界定，对环境教育的开展起到了积极作用。

1972年，每年6月5日为世界环境日被确定下来。

1972年，我国派代表团参加了在瑞典首都斯德哥尔摩召开的首届联合国人类环境会议，在这次具有开创意义的国际环境会议上通过了纲领性文件《斯德哥尔摩人类环境宣言》。在各国代表的协商下，形成了重要的国际共识，即“我们在决定在世界各地行动时，必须更加审慎地考虑它们对环境产生的后果。由于无知或不关心，我们可能给我们的幸福生活所依靠的地球环境造成巨大的无法挽回的损害。反之，有了比较充分的知识和采取比较明智的行动，我们就可能使我们自己和我们的后代在一个比较符合人类需要和希望的环境中过着较好的生活”[3]。在《斯德哥尔摩人类环境宣言》中特别强调了关于“环境教育”的十九条原则，其中心思想主要是为了社会的持续进步与人类的长远发展，特别强调应当对年轻人，也包括成年人在内的所有人实施环境方面的宣传教育，以提高人们的环境保护意识，增强人们在社会发展过程中对自然环境的责任感和使命感。为了实现社会

---

[1] 艾沃·F·古德森. 环境教育的诞生：英国学校课程社会史的个案研究［M］. 贺晓星，仲鑫，译. 上海：华东师范大学出版社，2001：121.

[2] 艾沃·F·古德森. 环境教育的诞生：英国学校课程社会史的个案研究［M］. 贺晓星，仲鑫，译. 上海：华东师范大学出版社，2001：29.

[3] 贾振邦，黄润华. 环境学基础教程［M］. 北京：高等教育出版社，2004：341.

各方面的协调发展，积极采取措施进行环境破坏与污染方面的危害宣传，同时向人们传授保护环境、改善环境的方法与途径，从正反面相结合的角度加大环保教育的力度[1]。我国派代表团积极参加这次著名的国际会议，标志着我国已经开始意识到环境及环境教育问题的重要性，充分表明了我国在对待环境问题及环境教育方面的明确立场与态度。

1973年，我国召开第一次全国环境保护会议，环境教育被提上了议事日程。国家正式出台《关于保护和改善环境的若干规定（试行草案）》，其中对我国高等教育方面开展环境教育作了说明，即“有关大专院校要设置环境保护的专业和课程，培养技术人才。”[2] 会后，制定了我国第一个生态环境保护标准《工业“三废”排放试行标准》（GBJ 4－73）。自此，我国生态环境保护事业正式起步。

1974年，国务院环境保护领导小组成立，下设办公室。之后，各地成立相应的环保机构，对环境污染状况进行调查评价，开展以消烟除尘为中心的环境治理。同时，对污染严重的地区开展了重点治理。

1974年，《环境保护》期刊在北京创办，成为我国开展环境宣传教育的重要平台。

1975年，在德国贝尔格莱德召开国际环境教育研讨会。一是总体上反映了环境教育的本质。《贝尔格莱德宪章》指出，“环境教育是进一步认识和关心经济、社会、政治的生态在城乡地区的相互依赖性，为每一个人提供机会来获取保护和促进环境的知识和价值观、态度、责任感和技能，创造个人、群体与整个社会环境行为的新模式。”[3] 与内华达会议对环境教育的首次界定相比，《贝尔格莱德宪章》对环境教育的界定突出了生态环境与经济、社会、政治的联系，揭示出环境教育是一种提升社会成员环境知识、价值观、责任感与技能的社会活动模式。二是强调了环境教育的任务，即在个人和社会团体中提高环境及其问题的意识；环境与人的关系的基本知识和理解；与环境质量相协调的社会价值观和态度；解决环境问题的技能；对于环境的责任心和紧迫感，以正确的行动确保解决环境问题等品质。

---

[1] 王学俭，宫长瑞. 生态文明与公民意识［M］. 北京：人民出版社，2011：124.

[2] 中国环境科学研究院环境法研究所，武汉大学环境法研究所. 中华人民共和国环境保护研究文献选编［M］. 北京：法律出版社，1983：11.

[3] 张绍波. 中学地理教学中环境教育理论探索与实践［D］. 大连：辽宁师范大学，2007.

1977年，在苏联格鲁吉亚共和国第比利斯召开首届政府间环境教育大会，从学科属性的视角提出“环境教育是一门属于教育范畴的跨学科课程，其目的直接指向当地环境现实和问题的解决，它涉及普通的和专业的、校内的和校外的所有形式的教育过程”❶。《第比利斯政府间环境教育会议宣言》强调，要为每个人提供保护和改善环境的相关专业知识普及的机会，包括在环境保护与预防知识、环境观念、对环境积极主动态度的形成和环境相关的技能等方面，形成从个人到群体乃至整个社会对待环境问题的新的行为模式。

1977年，清华大学创建了我国第一个环境工程专业，这标志着我国环境教育开始走向高等教育领域及专业教育领域。

1978年，我国新修订的《宪法》明确规定，国家保护环境和自然资源，防治污染和其他公害。这是在我国《宪法》中首次出现有关环境保护的规定，为我国环保工作与环保教育事业提供了根本大法的保障。

1978年，针对在全国范围内开展环境宣传教育的方针与策略问题，中共中央专门下发了《环境保护工作汇报要点的通知》，明确指出“普通中学和小学也要增加环境保护的教学内容。”❷

1978年，北京大学和北京师范大学开始招收环境保护专业研究生，这是我国教育史上第一批环保专业研究生。

1978年，在广州创办《环境》期刊。

1978年，正式启动“三北”防护林体系建设工程。

1979年，我国针对环境保护问题专门制定了《中华人民共和国环境保护法（试行）》，其中明确规定要合理利用自然环境，防止环境污染和生态破坏。从此，我国环境保护和环境教育工作走向了法治化轨道。

1979年，根据国家环境教育科学学会等相关部门的建议，决定在我国初等教育的幼儿园及中小学进行环境教育试点。

1979年，我国把每年3月12日定为植树节。

1979年，中国环境学会环境教育委员会召开第一次会议，建议组织编

❶ 张绍波．中学地理教学中环境教育理论探索与实践［D］．大连：辽宁师范大学，2007.

❷ 国家环境保护总局，等．新时期环境保护重要文献选编［M］．北京：中国环境出版社等，2001：16.

制教学大纲、课程计划，组织力量编写环境教育相关教材，成立中国环境科学出版社，出版教科书和教学参考书。

1980 年，中国环境科学出版社成立（现更名为中国环境出版社）。

1980 年，为了进一步把环境教育贯彻落实到各类初等教育教学之中，国务院颁布了《环境教育发展规划（草案）》，提出把环境教育纳入国民教育计划，将环境教育编入教育规划和教学大纲之中，要求在各级各类中小学教育教学中融入适当的环境教育内容。

1981 年，《关于国民经济调整时期加强环境保护工作的决定》对切实保护环境、节约资源以及有效开展环境教育进行了详细周密的部署，其中，就中小学大力加强环境教育普及工作做了说明。与此同时，我国环境科学学会环境教育委员明确要求，“幼儿园、小学、中学普及环境教育，将环境教育知识普及渗透到各有关学科的教育内容中去。”[1]

1981 年，国家环保总局为了提高在职环保人员的业务素质和水平、促进中国环境保护事业的发展，在河北秦皇岛创建了环境保护干部学校，开设研修班。同年，全国环境教育工作座谈会在天津召开，会议指出，把培训提高在职干部放在环境教育的首位，作为当务之急来抓。通过党校或职工培训的形式加强环境知识方面的教育。

1981 年，开启全民义务植树活动。并逐步实施天然林保护、退耕还林还草等一系列生态保护重大工程，加强了国家生态安全屏障建设。

1982 年，联合国分别举行了人类环境特别会议和第三十七届联合国大会，分别通过了《内罗毕宣言》和《世界自然宪章》，强调各国要增强公民对环境保护和经济增长关系的认识，培育个人和社会的环境责任意识。其中，《内罗毕宣言》是世界上第二个人类环境宣言。

1982 年，北京大学成立了环境科学中心，主要负责环境科学研究与教学工作的组织和协调。此后全国各地高校纷纷效仿，20 世纪 80 年代初期，我国已有 30 多所高校总共创设了 20 多个环境保护方面的专业，从专科到本科、硕士，培养了大量不同层次的环保专业人才。[2]

---

[1] 国家环境保护局宣教司教育处．中国环境教育的理论和实践［M］．北京：中国环境科学出版社，1991：358.

[2] 本书编委会．中国环境保护行政二十年［M］．北京：中国环境科学出版社，1994：297.

1982 年，国家设立城乡建设环境保护部，内设环保局。

三、环境教育时期的实践育人

1972 年以来，我国环境教育正式启动。1972—1983 年，我国环境教育的特点是以社会教育为主，此时的环保部门承担了绝大部分环境教育的任务，主要是通过一些重大的环境污染事件的披露来提醒人们关注环境问题，提高环保意识。为了增强环境教育的宣传力度、在全社会普及环境科学知识、唤醒广大民众的环保意识，国家相关部门积极创办与环境保护方面有关的各种报刊、杂志，向公众传播知识、引导观念。

在社会环境宣传教育活动如火如荼地开展的同时，党和国家开始意识到环境教育要从孩子抓起、从大学生抓起。在此阶段，中小学开始启动环境教育，重点是在中小学教育中增加环境保护知识、培养中小学生的环保意识。国家教育部门在编纂和出版各级各类教材和教育书籍时，有意识地编入环境保护的内容。如小学自然、中学地理及生物等课程中加入了关于我国资源环境现状、环境污染的危害及其防治方法等方面的内容。

农林院校坚持教育与生产劳动相结合的教育方针。

一是在高等教育发展初期，就将生产实习作为最主要的实践教学。1950 年，政务院《关于实施高等学校课程改革的决定》提出，要有计划地组织学生实习和参观，并将其作为教学的重要内容。教育部成立直属高等学校学生生产实习指导委员会，颁布了《学生实习指导委员会暂行组织规程》。1953 年，中央生产实习指导委员会成立。1954 年，政务院颁布了《高等学校与中等技术学校学生实习暂行规程》，详细规定了生产实习的任务、要求和具体办法等内容。1961 年，中共中央批准试行《教育部直属高等学校暂行工作条例（草案）》，纠正了片面强调生产实践、以干代学的做法，明确了教育工作与生产劳动、科学研究、社会活动之间的关系。

自环境教育启动以来，农林院校坚持为社会主义创办农林大学、为地区农林业生产服务的办学理念，重点开展了环境科学及环境教育的学科建设与相关人才的培养。

二是组织开展社会实践。1950 年，教育部在北京召开“全国高等学校政治课教学讨论会”，随后发布了《关于高等学校政治课教学方针、组织和方法的几项原则》，将社会实践作为大学生思想政治教育的重要形式。大学生积极投身学农、学工、学军的社会实践，加深了与工农的感情，培养了良好的思想政治素质，提高了专业技能。

1982年，团中央首次号召高校大学生在暑期奔赴广大农村开展“科技、文化、卫生”三下乡活动。农林院校结合学科专业开展了野外实习、野外考察、服务农林产业发展实践、植树造林等生态文明建设志愿服务等实践育人工作，让广大农林学子走进社会、走进自然，形成了坚韧不拔、艰苦奋斗的农林精神，增长了农林学子服务生态环保、农林产业的知识与技能，培养了大批农林业急需的高级专门人才。

第二节　可持续发展教育时期农林院校实践育人

20世纪90年代，工业发展带来的环境污染、水土流失等问题越来越严重，党和国家提出实施可持续发展战略，加快绿色发展进程。中央提出保护环境是实施可持续发展战略的关键，破坏资源环境就是破坏生产力，保护资源环境就是保护生产力，改善资源环境就是发展生产力，确立了环境保护要坚持污染防治和生态保护并重的方针。强调要自觉去认识和正确把握自然规律，学会按自然规律办事，不仅要安排好当前的发展，还要为子孙后代着想。

一、走向可持续发展教育（1983—2002年）

1983年，布伦特兰委员会发布《我们共同的未来》，即《布伦特兰报告》，首次提出可持续发展的概念，指出可持续发展是既满足当代人的需要，又不损害后代人需要的能力的发展，这个定义得到了世界各国的广泛认同。这标志着环境教育开始转向可持续发展教育。

1983年，我国在北京召开第二次全国环境保护会议，会议指出保护环境是我国必须长期坚持的一项基本国策，提出“三同步”“三统一”的环境与发展战略方针。同时，还强调要从以下几个方面抓好环境保护工作：一是要求各级领导要高度重视环境保护问题；二是要广泛调动基层社会成员对环保工作和环境问题监督举报的积极性；三是要建立健全环境保护的法律法规，为环保工作提供强有力法治保障。然而，环境保护工作的顺利开展、环保意识在全社会的普及与深入，其关键途径就是要通过环境教育，大力宣传和普及环境保护知识及其意义，以不断强化各级领导干部和广大民众的环境保护意识和行为自觉。这次会议推进了以“环境保护”为国策的环境教育。

1984 年，我国第一份环境保护专业性报纸《中国环境报》正式创立，其内容覆盖世界各国环境保护方面的知识与信息。

1984 年，国务院成立了环境保护委员会。同年，国家环保总局成立，在国务院的直接领导下开展工作。国家环保总局专门设立了负责环境宣传和教育的宣教司，其主要职责是对全国环境教育进行指导，这标志着国家环境教育的组织机构正式形成。

1984 年，我国颁布了《中华人民共和国水污染防治法》和《中华人民共和国森林法》。

1985 年，我国颁布了《中华人民共和国草原法》。

1987 年，我国颁布了《中华人民共和国大气污染防治法》。

1988 年，联合国教科文组织提出“为了可持续发展的教育”。20 世纪 90 年代初，世界各国的大学基本上都普及了环境教育，也提出了绿色大学的概念，要求绿色理念不仅在大学课堂中有所体现，而且还应当在学校管理上得到贯彻[1]。

1989 年，第三次全国环境保护会议召开，提出环境保护预防为主、防治结合，谁污染谁治理，强化环境管理等“三大政策”，以及建设项目中防治污染和生态破坏的设施必须与主体工程同时设计、同时施工、同时投产使用“三同时”；环境影响评价、排污收费、城市环境综合整治定量考核、环境目标责任、排污申报登记和排污许可证、限期治理和污染集中控制等“八项管理制度”。

1989 年，在《中华人民共和国环境保护法（试行）》颁布实施 10 年之后，《中华人民共和国环境保护法（修改草案）》由国务院和全国人大常

[1] 陈丽鸿，孙大勇. 中国生态文明教育理论与实践［M］. 北京：中央编译出版社，2009：27.

委会审议通过并颁布实施。《中华人民共和国环境保护法》的修订与完善意味着我国环境保护工作及环境教育正逐步走向法治化与规范化的时代。《中华人民共和国环境保护法》第五条针对我国环境教育规定，“国家鼓励环境保护科学教育事业的发展，加强环境保护科学技术的研究与开发，提高环境保护科学技术水平，普及环境保护的科学知识。”[1] 自此之后，我国环境保护工作和环境教育有了强有力的法治保障。

1989年，全国部分省市中小学环境教育座谈会在广东召开，试点学校在会上介绍了经验。这次会议在交流探讨的基础上深化了对中小学生开展环境教育任务、目的及作用的认识，强调中小学环境教育的主要目标是提高教育对象的环境知识水平和环境保护意识，提倡全社会资助中小学环境教育，要求各类教育机构尽可能使学生在轻松愉悦的状态下接受形式多样的环境教育。

1990年，《国务院关于进一步加强环境保护工作的决定》中强调，宣传教育部门应当有组织、有计划地进行环境保护宣传教育活动，广泛宣传环境保护是我国的一项基本政策，让环境保护和资源节约的理念深入人心，让更多的人研究环境科学、学习环境保护知识，不断向广大民众普及《环境保护法》及相关法律常识，大力提高广大民众特别是领导干部的环境保护意识，确立环境保护是每个社会公民应尽的责任。高校应将环保相关的专业或课程纳入教育教学计划之中；在初等教育中也应将学习课程与环境保护进行有机结合，达到广泛普及环境保护理念的目的；在全国各地的干部培训中，也应该将环境环保及相关教育作为培训学习的重要方面。[2]

1991年，《关于国民经济和社会发展十年规划和第八个五年计划纲要的报告》再次强调环境保护是我国的一项基本国策，并指出，“今后十年和‘八五’期间，要努力防治环境污染，力争有更多的城市和地区环境质量得到改善。要加强环境保护的宣传、教育和环境科学技术的普及提高工作，

[1] 国家环境保护总局，中共中央文献研究室．新时期环境保护重要文献选编［M］．北京：中央文献出版社，中国环境科学出版社，2001：138.

[2] 田青，曾早早．我国环境教育与可持续发展教育文件汇编［M］．北京：中国环境科学出版社，2011：51.

增强全民族的环境意识。”❶ 这为进一步加强与完善环境教育指明了方向。

1991 年，我国颁布了《中华人民共和国水土保持法》。

1992 年，联合国环境和发展大会在巴西里约热内卢召开，通过《里约宣言》，要求各国在三年之内将环境与发展作为一个跨学科的教育问题融入所有教育计划中。这在可持续发展教育史上具有里程碑意义。在《里约宣言》的基础上，《21 世纪议程》确定了未来环境教育的方向，对教育和培训进行了全面部署，成为各国自觉实施可持续发展教育的全球性方案。从 1992 年至今，可持续发展理念被逐渐普及、推广和落实。

1992 年，中共中央办公厅、国务院办公厅联合发文，宣布实行可持续发展战略。

1992 年，全国环境教育大会在苏州召开。会议宣布我国已经形成了一个多层次、多规格、多形式的具有中国特色的环境教育体系，要求“走有中国特色的环保道路”，提出“环境保护，教育为本”的方针，指出“加强环境教育，提高人的环境意识，使其正确认识环境及环境问题，使人的行为与环境相和谐，是解决环境问题的一条根本途径”❷。

1993 年，联合国设立了可持续发展委员会，落实可持续发展理念。

1993 年，全国人大设立环境保护委员会，后更名为环境与资源保护委员会。

1993 年，由国家环境保护局联合中宣部、教育部等 14 个部门共同启动了“中华环保世纪行”活动，不仅提高了全民生态环境意识，而且推动了许多重大生态环境问题的解决。

1994 年，联合国教科文组织推出“为了可持续性的教育”计划，欧洲环境教育基金会的“生态学校”计划也蓬勃开展起来，推动可持续发展教育不断走向深入。

1994 年，我国政府颁布了《中国 21 世纪议程——中国 21 世纪人口、环境与发展白皮书》，要求把可持续发展理念贯穿于环境教育的各方面与全过程，在教育内容方面实现从单向度灌输环保知识向多层次传授社会发展

---

❶ 中共中央文献研究室．十三大以来重要文献选编（下）［M］．北京：人民出版社，1993：1515.

❷ 曲格平．中国环境与发展［M］．北京：中国环境科学出版社，1992：7.

与人口、资源、环境关系的价值理念转变，超越了“环境教育就是传授环境保护知识”这种认识的局限性，成为指导我国实施可持续发展战略的总纲领。提出在教育改革中要加强对受教育者的可持续发展思想的灌输，在小学“自然”课程、中学“地理”等课程中纳入资源、生态、环境和可持续发展内容；在高等学校普遍开设“发展与环境”课程，设立与可持续发展密切相关的研究生专业，如环境学等，将可持续发展思想贯穿于从初等到高等的整个教育过程中；加强文化宣传和科学普及活动，组织编写出版通俗的科普读物，利用报刊、电影、广播等大众传播媒介，进行文化科学宣传和公众教育，举办各种类型的短训班，提高全民的文化科学水平和可持续发展意识，加强可持续发展的伦理道德教育。[1]

1995 年，联合国教科文组织在希腊雅典召开“环境教育重新定向以适应可持续发展需要”地区间研讨会。

1995 年，党的十四届五中全会提出，在现代化建设中，必须把实现可持续发展作为一个重大战略。

1996 年，第四次全国环境保护大会在北京召开，会议提出保护环境是实施可持续发展战略的关键，保护环境就是保护生产力。会议确立了环境保护要坚持污染防治和生态保护并重的方针，要求实施“污染物排放总量控制计划”和“跨世纪绿色工程规划”两大举措，全国开始展开了大规模的重点城市、流域、区域、海域的污染防治及生态建设和保护工作。

20 世纪 90 年代中期，我国制定了《国民经济和社会发展“九五”计划和 2010 年远景目标纲要》，把“可持续发展与科教兴国”作为未来十年国家最为重要的发展战略。

1997 年，环境与社会国际会议在希腊塞萨洛尼召开，通过《塞萨洛尼宣言》，从提高教育质量和公众可持续发展意识等四个方面对“为了环境和可持续发展的教育”进行了规划。

1997 年，党的十五大再次强调，要把可持续发展战略作为我国经济发展的指导思想。

1999 年，国务院通过《全国生态环境建设规划》，指出“生态环境是

---

[1] 中国 21 世纪议程管理中心．中国 21 世纪议程——中国 21 世纪人口、环境与发展白皮书［M］．北京：中国环境科学出版社，1994：34.

人类生存和发展的基本条件，是经济、社会发展的基础。保护和建设好生态环境，实现可持续发展，是我国现代化建设中必须始终坚持的一项基本方针”❶。

2001年，建党80周年纪念大会上阐述了贯彻落实可持续发展战略的要求和目标，即“坚持实施可持续发展战略，正确处理经济发展同人口、资源、环境的关系，改善生态环境和美化生活环境，改善公共设施和社会福利设施，努力开创生产发展、生活富裕和生态良好的文明发展道路”❷。

二、可持续发展教育时期的实践育人

在这一阶段，可持续发展教育得到了党和国家的高度重视和大力支持，国家环境教育宣传机构建立，关于资源环境方面的法律法规不断完善，为可持续发展教育提供了强有力的法治保障，我国可持续发展教育体系正在形成。

立足社会，20世纪80年代初期，国务院环境保护领导小组办公室在全国范围内通知各部门各单位积极开展形式多样的环境保护和宣传活动。在国家的大力号召下，全国各地开展了两次较大规模的“环境教育月”活动。该活动主要是以“环境政策、环境科学知识，以及环保法规知识”为核心宣传内容。从2001年起，国家环保总局与中宣部、广电总局共同开展了以可持续发展为核心的环境警示教育活动，以加强可持续发展宣传教育，激发广大民众重视环境问题、监督环境治理的热情。此外，按照国务院环境保护领导小组的通知要求，地方各级政府及环境保护部门通过广播、杂志、报纸等多种新闻媒体，以报告、讲座、展览等不同形式，积极开展环保政策、环保科学及环保法规知识等宣传教育活动。20世纪80年代末期，人民日报社、新华社、国家广电总局以及国家相关教育部门陆续加入了国家环境保护委员会的工作之列，承担起全国环境保护及教育的宣传普及工作。

立足学校，可持续发展教育全面融入学校教育。在中小学层面，20世纪80年代后期，我国教育部门在编订《九年义务制教育全日制小学、初中

---

❶ 中共中央文献研究室．十五大以来重要文献选编（上）[M]．北京：人民出版社，2000：603.

❷ 江泽民文选（第3卷）[M]．北京：人民出版社，2006：295.

教学计划（试行草案）》时，要求在全国初等教育的各科教学及课外活动中必须融入生态、能源、环保等方面的内容，可持续发展教育内容渗透到了各门学习课程和教学实践活动中，有效提高了学生的可持续发展意识和参与能力。同时，对教学大纲也作了相应的要求，建议有条件的学校可单独开课以及加强环境教育的师资培训工作。1996 年开始，在世界自然基金会等多个国际组织的支持与合作下，由国家教委牵头在全国中小学范围内开展了以“绿色教育”的主题活动，人民教育出版社出版了《中小学可持续发展教育——各学科教学设计指南》。在高中层面，国家教委颁布《对现行普通高中教学计划的调整意见》，要求普通高中开设有关环境保护方面的选修课程。人民教育出版社编写和出版的《环境保护》被作为高级中学选修课的教材。在高校层面，《国务院关于进一步加强环境保护工作的决定》《中国 21 世纪议程》先后强调，高校应将环保相关的专业或课程纳入教育教学计划之中。高校普遍开设了“发展与环境”课程，设立了与可持续发展密切相关的研究生专业，如环境学等，将可持续发展思想贯穿于整个教育过程中。同时，一些与环境教育有关的研究机构着手研究与经济发展、环境、生态、人口、资源等相关的课题。

农林院校主动适应经济建设和社会发展需要，坚持社会主义办学方向，以培养高素质人才为根本任务，推进专业结构调整和研究生教育，加强实践教学和社会实践。

一是逐渐由单科向多科性发展，专业结构由产中向产前、产后逐步延伸，由面向农业向服务农村转变，积极推动大学生参加生产实习。1987 年，《关于改进和加强高等学校学生生产实习和社会实践工作的报告》提出，高等学校和接受实习的单位紧密配合，建设好实习基地，探索搞好实习的新途径、新办法，努力提高实习质量。1998 年，《中华人民共和国高等教育法》中明确指出，高等教育的任务是培养具有创新精神和实践能力的高级专门人才，发展科学技术文化，促进社会主义现代化建设。1998 年，教育部颁发《关于深化教学改革，培养适应 21 世纪需要的高质量人才的意见》，要求强化实践教学的思想，改革教学方法与手段，重视综合性实践教学环节，更加密切教学与科学研究、生产实践的联系。1999 年，《中共中央、国务院关于深化教育改革全面推进素质教育的决定》指出，高等

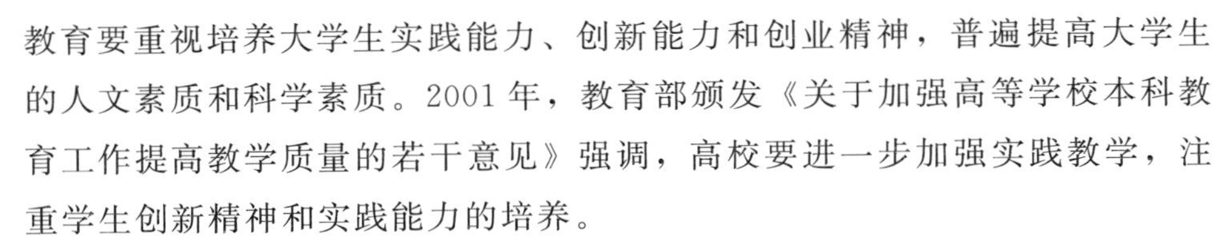

教育要重视培养大学生实践能力、创新能力和创业精神，普遍提高大学生的人文素质和科学素质。2001 年，教育部颁发《关于加强高等学校本科教育工作提高教学质量的若干意见》强调，高校要进一步加强实践教学，注重学生创新精神和实践能力的培养。

二是研究生教育快速发展。1994 年，颁发了《关于加快农科研究生教育改革和发展的意见》，提出“农科研究生教育规模要有较大发展，层次、专业结构比较合理，类型多样，质量与效益进一步提高”的发展目标。

三是社会实践更加完善。1983 年，团中央、全国学联第一次提出“大学生社会实践”的概念。1984 年，团中央提出大学生要在社会实践中“受教育、长才干、做贡献”的论述，被确立为大学生社会实践的指导方针。1986 年，《国家教委关于加强高等学校思想政治工作的决定》，提出要把加强思想政治教育与社会实践结合起来，社会实践成为重要的实践教学环节。1987 年，国家教委、团中央联合发布《关于广泛组织高等学校学生参加社会实践活动的意见》，强调社会实践的目的是让学生接触社会，了解实际，向工农学习，向实践学习，并在力所能及的范围内运用所学的知识为社会服务，对社会实践的目的、形式、组织和领导等问题进行了全面部署。1992 年，《关于广泛深入持久地开展高等学校学生社会实践活动的意见》将社会实践提升为高等教育的重要组成部分，指出社会实践要为改革开放和现代化建设服务，为学生的健康成长服务。在这一时期，大学生社会实践有了更加广阔的发展空间，活动的形式更加多样，实践的内容更为丰富。结合生态文明实践育人，农林院校贯彻落实党和国家可持续发展战略，一方面积极探索课程内容和教学方法改革，丰富实践环节，激发学生的学习热情，提升教学质量；另一方面，推进校地合作和产教融合，组织师生发挥学科专业特长，积极开展三下乡和社会实践等活动，服务农林业发展和生态文明建设。

四是生态文明创新创业实践活动兴起。1998 年，清华大学率先举办了创业计划大赛。1999 年，《面向 21 世纪教育振兴行动计划》指出，加强对教师和学生的创业教育，鼓励师生自主创办高新技术企业。1999 年，团中央、教育部、中国科协、全国学联联合举办首届“挑战杯”全国大学生创业计划大赛，营造了创新创业实践的良好氛围。农林院校积极宣传动员师生参与创新创业实践活动，深入推进创新创业教育改革，不断提升学生创新创业能力、增强创新活力，促进学生全面发展，同时，利用创业创新的热潮，通过应用新技术、开发新产品、创造新需求、培育新市场、打造新经济，提升创新驱动对生态文明建设的引领作用。

五是开展了生态文明志愿服务活动。1993年，团中央启动“中国青年志愿者行动”，标志着我国青年志愿服务的开端。1994年，中国青年志愿者协会成立，是在团中央指导下依法成立的全国非营利性社会组织，标志着我国志愿服务进入新阶段。1998年，团中央青年志愿者行动指导中心成立，负责规划、协调、指导全国青年志愿者服务工作，全国各地也相继成立专门的工作机构，推动了志愿服务的蓬勃发展。农林院校组织师生开展了大量的生态文明志愿服务活动，生动践行了生态文明理念，提升了大学生的生态文明意识。

第三节 生态文明教育时期农林院校实践育人

进入21世纪，面对我国社会主义现代化建设出现的新形势、新矛盾，面对资源约束趋紧、环境污染严重、生态系统退化的严峻形势，中央提出了和谐社会、科学发展观、生态文明建设等一系列重要战略思想，强调“树立和落实全面发展、协调发展和可持续发展的科学发展观，对于我们更好地坚持发展才是硬道理的战略思想具有重大意义。”[1] 自党的十八大以来，以习近平同志为核心的党中央一如既往注重生态文明建设，不仅从理论上阐释了人与自然的关系，论述了生态文明建设的意义、指导思想和实施策略，而且分析了什么是生态文明、如何建设生态文明等一系列重大战略问题。习近平总书记还提出“生态兴则文明兴，生态衰则文明衰”“绿水青山就是金山银山”等重要论断，主张用最严格的制度和最严密的法治治理环境污染和资源浪费。习近平总书记对生态文明建设提出了一系列新思想、新观点、新论断，形成习近平生态文明思想，为当前我国开展生态文

[1] 中共中央文献研究室．十六大以来重要文献选编（上）［M］．北京：中央文献出版社，2005：483.

明教育、普及生态文明理念提供了鲜活的理论来源和实践标准。

一、生态文明教育的提出（2002年至今）

自2002年开始，我国提出生态文明概念，但世界范围内仍然是可持续发展主题。如2002年召开可持续发展问题世界首脑会议以及第五十七届联合国大会，强化可持续发展理念，加强可持续发展的科学和技术教育，构建可持续发展的道德伦理框架，部署全球可持续发展教育的行动。其中，第五十七届联合国大会将2005—2014年确定为“教育促进可持续发展十年”。2009年，世界可持续发展教育大会召开，对可持续发展教育进行了审视与反思。2014年，可持续发展教育世界会议启动《教科文组织可持续发展教育全球行动计划》，作为“十年计划”结束后可持续发展教育的后续行动。2015年，联合国召开可持续发展峰会，通过《变革我们的世界：2030年可持续发展议程》，强调教育是成功实现所有可持续发展目标的关键。2018年，联合国教科文组织在哥斯达黎加召开可持续发展教育全球行动计划会议，发布《可持续发展教育的问题和趋势》报告，探讨了可持续发展教育的未来行动，明确了可持续发展教育的立场和地位。

2002年，党的十六大提出，把建设生态良好的文明社会作为全面建成小康社会的四个目标之一。自此以后，生态文明概念深入人心。生态文明被认为是人类可持续发展的必由之路，是人类社会发展进程中的高级文明形态，是引领人类未来发展的新型文明。与此同时，生态文明教育受到重视。

2003年，《中国21世纪初可持续发展行动纲要》强调，“加大投入，积极发展各级各类教育。强化人力资源开发，提高公众参与可持续发展的科学文化素质。在基础教育以及高等教育教材中增加关于可持续发展的内容，在中小学开设‘科学’课程，在部分高等学校建立一批可持续发展的示范园（区）。利用大众传媒和网络广泛开展国民素质教育和科学普及。加快培育一大批了解和熟悉优生优育、生态环境保护、资源节约、绿色消费等方面基本知识和技能的科研人员、公务人员和志愿者。”[1]

---

[1] 全国推进可持续发展战略领导小组办公室. 中国21世纪初可持续发展行动纲要［M］. 北京：中国环境科学出版社，2004：14.

2003年，《中小学环境教育专题教育大纲》积极倡导中小学在各学科环境教育的基础上，以专题教育的形式开展环境教育，同时对环境专题教育的教学活动标准、教学内容作了具体规定。《中小学环境教育实施指南》对环境教育的特点、性质、内容、过程、目标以及评价等作了详细的说明与规定，第一次把为了“可持续发展的环境教育”融入正规教育体系，使之成为全国学校课程中不可或缺的组成部分。

2005年，中央人口资源环境工作座谈会指出，“要切实加强生态保护和建设工作。完善促进生态建设的法律和政策体系，制定全国生态保护规划，在全社会大力进行生态文明教育。”❶

2005年，党的十六届五中全会提出要“全面贯彻落实科学发展观，加快建设资源节约型、环境友好型社会”❷。

2005年，《国务院关于落实科学发展观加强环境保护的决定》明确提出要加强环境宣传教育、弘扬环境文化、倡导生态文明。

2006年，《中华人民共和国国民经济和社会发展第十一个五年规划纲要》中指出，在“十一五”期间要实现单位国内生产总值能源消耗降低20%左右，生态环境恶化趋势基本遏制，主要污染物排放总量减少10%。

2006年，第六次全国环境保护大会提出我国环境问题的解决思路：一定要转变发展观念，创新发展模式，提高发展质量，把经济社会发展切实转入科学发展的轨道。

2007年，党的十七大提出，要加强社会主义生态文明建设，形成节约能源资源和保护生态环境的产业结构、增长方式、消费方式。这是党中央首次明确提出建设生态文明，明确把在全社会牢固树立生态文明观念作为生态文明教育的主要任务。

2008年，国家环境保护总局组建为环境保护部，成为国务院组成部门。

2008年，《关于限制生产销售使用塑料购物袋的通知》要求从2008年6月1日起，在全国范围内限制生产销售塑料购物袋。该通知得到广大民

---

❶ 中共中央文献研究室．十六大以来重要文献选编（中）［M］．北京：中央文献出版社，2006：823.

❷ 中共中央文献研究室．十六大以来重要文献选编（下）［M］．北京：中央文献出版社，2008：599.

众的积极响应，各企业以及民间环保组织都自觉行动起来，纷纷向社会销售、捐赠环保购物袋，促进、引导消费者绿色消费。“限塑令”的实施，极大地提高了广大民众的绿色消费意识，促使广大民众自觉使用环保购物袋，减少了白色污染，达到了预期的效果和目的。

2009年，我国政府在哥本哈根气候变化大会上指出，“中国在发展的进程中高度重视气候变化问题，从中国人民和人类长远发展的根本利益出发，为应对气候变化作出了不懈努力和积极贡献。我国是最早制定实施《应对气候变化国家方案》的发展中国家，先后制定和修订了节约能源法、可再生能源法、循环经济促进法、清洁生产促进法等一系列法律法规；中国是近年来节能减排力度最大的国家，截至今年上半年，中国单位国内生产总值能耗比2005年降低13％；中国是新能源和可再生能源增长速度最快的国家，水电装机容量、核电在建规模、太阳能热水器集热面积和光伏发电容量均居世界第一位；中国是世界人工造林面积最大的国家，目前人工造林面积达5400万公顷，居世界第一。”同时，我国政府在这次会议上向世界承诺，到2020年单位国内生产总值二氧化碳排放比2005年下降40％～45％，这对于一个拥有13亿多人口、人均国内生产总值刚超过3000美元的发展中国家来说，是一项非常艰巨的任务。

2009年，国家林业局、教育部、共青团中央决定开展国家生态文明教育基地创建工作，为生态教育的在全社会的广泛开展提供了平台和途径。

2011年，环境保护部、中宣部、中央文明办、教育部、共青团中央、全国妇联联合颁布《全国环境宣传教育行动纲要（2011—2015年）》，对我国未来五年的环境宣传教育工作做了整体规划，提出了本阶段环境宣传教育工作的目标、原则和措施等。

2012年，党的十八大把生态文明建设与经济建设、政治建设、文化建设和社会建设一起纳入“五位一体”总体布局的重要组成部分，并且被写入了党章。生态文明教育也因此得到全面而深入的推进。

2015年，在我国积极参与和推动下，世界各国就应对气候变化问题达成了历史性的《巴黎协定》，全球可持续发展进入新阶段。

2017年，党的十九大对生态文明建设提出了一系列新思想、新目标、新要求和新部署，为中国特色社会主义新时代树立起了生态文明建设的里程碑，为推动形成人与自然和谐发展现代化建设新格局、建设美丽中国提供了根本遵循和行动指南。

2018 年，党的十九届三中全会对生态环境管理体制改革作出部署。

2018 年，中共中央办公厅、国务院办公厅印发《关于深化生态环境保护综合行政执法改革的指导意见》提出，整合环境保护和国土、农业、水利、海洋等部门相关污染防治和生态保护执法职责、队伍，统一实行生态环境保护综合执法。

2018 年，十三届全国人大一次会议通过了关于国务院机构改革方案的决定，组建生态环境部，整合相关部门生态环境保护职责，统一行使生态与城乡各类污染排放监管与行政执法职责，统一政策规划标准制定、统一监测评估、统一监督执法、统一督察问责，生态环境保护的统一性、权威性大大增强。

2018 年，第八次全国生态环境保护大会召开，会议确立了习近平生态文明思想。会后，生态环境保护的重大政策性文件《中共中央　国务院关于全面加强生态环境保护坚决打好污染防治攻坚战的意见》对外公布。

2019 年，中共中央、国务院印发《新时代公民道德建设实施纲要》，把“绿色发展、生态道德”作为现代文明的重要标志。

2020 年，习近平主席在第七十五届联合国大会一般性辩论上表示，应对气候变化《巴黎协定》代表了全球绿色低碳转型的大方向，是保护地球家园需要采取的最低限度行动。我国将提高国家自主贡献力度，采取更加有力的政策和措施，二氧化碳排放力争于 2030 年前达到峰值，努力争取 2060 年前实现碳中和。我国“双碳”目标提出及其后一系列新排放目标的提出，加快了全球应对气候变化的行动步伐，推动了世界新冠肺炎疫情后绿色复苏新议程。

2020 年，党的十九届五中全会审议通过《中共中央关于制定国民经济和社会发展第十四个五年规划和二〇三五年远景目标的建议》，对推动绿色发展，促进人与自然和谐共生作出一系列重大战略部署，明确提出“十四五”时期，我国生态文明建设实现新进步，到 2035 年广泛形成绿色生产生活方式，碳排放达峰后稳中有降，生态环境根本好转，美丽中国建设目标基本实现，明确“十四五”乃至 2035 年生态文明建设和生态环境保护的目标和任务。十九届五中全会还明确提出，要完善中央生态环境保护督察制度。

2021年，在昆明召开《生物多样性公约》第十五次缔约方大会，以“生态文明：共建地球生命共同体”为主题，推动制定“2020年后全球生物多样性框架”，为未来全球生物多样性保护设定目标、明确路径。习近平主席发表了主旨演讲，进一步阐明绿水青山就是金山银山，良好生态环境既是自然财富，也是经济财富，关系经济社会发展潜力和后劲。

2022年，党的二十大指出，中国式现代化的本质要求之一，就是要促进人与自然和谐共生。要坚持节约优先、保护优先、自然恢复为主的方针，坚定不移走生产发展、生活富裕、生态良好的文明发展道路。

二、生态文明教育时期的实践育人

围绕生态文明建设，教育部提出“把生态文明教育融入育人全过程”。我国生态文明教育不断深入，理论上关于生态文明教育的概念、内容、问题、原因及对策等研究不断深化，实践上从宣传可持续发展的知识、开展教育教学模式的创新、开展多种形式的教师培训、关注公民的环境教育和健康教育等方面进行了广泛探索。在此阶段，我国生态文明教育逐步深化并走向成熟，从理论层面发展到实践层面、从政策层面发展到执行层面、从制度层面发展到体系层面。

在社会层面，自2008年起，国家林业局、教育部、共青团中央启动国家生态文明教育基地创建工作，这项工作是大力传播和树立生态文明观念，提高全民生态文明意识的重要途径和有效措施，对普及生态知识，增强全社会的生态意识以及推动生态文明建设具有重要的现实意义。截至2014年，共有76家单位获得“国家生态文明教育基地”称号。自2000年以来，我国启动生态省、市、县、乡镇建设，截至2022年，全国已有16个省（自治区、直辖市）开展生态省建设试点、362个县（市、区）获得国家生态文明建设示范区称号、136个地区获得“绿水青山就是金山银山”实践创新基地称号，命名地区涵盖了山区、平原、林区、牧区、沿海、海岛等不同资源禀赋、区位条件、发展定位的地区。越来越多的城市及企事业单位广泛开展了“双面打印”“人走灯灭”“少乘电梯”“为地球熄灯一小时”

“少开一天车”等节能环保活动。生态文明教育在社会教育领域也得到广泛发展，为社会生态文明意识的提升起到了积极的促进作用。社会各界不仅在世界环境日、植树节、爱鸟周、地球日和国际保护臭氧日、世界生物多样性日等纪念日开展各种生态环保宣传活动，如自1993年起，“中华环保世纪行”活动每年都围绕一个主题开展生态环保教育宣传，对广大民众起到了良好的教育效果。我国群众性环保组织发展迅速，据民政部门统计，截至2022年，全国共有民政注册的生态环境类社会组织约7000家，它们通过开展各种社会活动向公众宣传爱护动物、节约资源、绿色生活等理念，对普及生态文明理念起到了积极的推动作用。

在家庭层面，生态文明理念在家庭教育中逐步深化，广大民众的生态文明意识不断提高。越来越多的家长开始注重培养孩子的环保意识与生态情感，陪伴孩子更多走近自然、亲近自然的机会，使孩子能够在欣赏自然、融入自然的同时更深刻理解人类要尊重自然、顺应自然的重要性。

在学校层面，据中国教育和科研计算机网报道，截至2023年，在全国共有380多所高校开设各类不同层次（含大专、本科、硕士、博士、博士后）的环境工程专业，专业设置呈现出以环境治理和生态保护为主的特征，向社会输送了大量的环境类专业人才❶。可以说，这些环境类专业人才不仅成为我国环保领域的一支生力军，而且极大促进了我国环保事业的健康发展。

进入生态文明教育阶段，深化了理论教学与实践教学的融合、专业教育与思政教育的融合，逐步构建了实践育人工作体系，提高了实践育人工作质量。2012年，教育部、中宣部、财政部等七部门联合印发《关于进一步加强高校实践育人的若干意见》，对高校实践育人工作和实践能力培养进行系统部署。2019年，中共中央、国务院《关于深化教育教学改革全面提高义务教育质量的意见》指出，完善德育工作体系，认真制定德育工作实施方案，深化课程育人、文化育人、活动育人、实践育人、管理育人、协同育人，大力开展理想信念、社会主义核心价值观、中华优秀传统文化、生态文明和心理健康教育。

---

❶ 黄承梁．生态文明简明知识读本［M］．北京：中国环境科学出版社，2010：287．

农林院校肩负服务乡村振兴发展和生态文明建设的重大历史使命，这一时期，一直将大学生实践能力的培养作为人才培养工作的重点任务。同时，主动进行农科人才供给侧结构性改革，对“新农科”的内涵、培养目标和培养模式进行专题研究，探索并实施“新农科”教育。

一是生态学由二级学科升格为一级学科，环境科学与工程由试点专业正式成为一级学科。此外，用现代生物技术、信息技术、工程技术等现代科学技术改造现有涉农专业，加快布局涉农新专业，适应现代农业新产业新业态发展，助力打造天蓝水净、食品安全、生活恬静的美丽中国。

二是大力加强实践教学。2005 年，教育部印发《关于进一步加强高等学校本科教学工作的若干意见》中明确提出，加强产学研合作教育，充分利用国内外资源，不断拓展校际之间、校企之间、校所之间的合作，加强各种形式的实践教学基地和实验室建设。2007 年，教育部颁布《关于进一步深化本科教学改革，全面提高教学质量的若干意见》，提出要高度重视实践环节，大力加强实验、实习、实践和毕业设计（论文）等实践教学环节，特别要加强专业实习和毕业实习等重要环节，提高学生实践能力。2010 年，《国家中长期教育改革和发展规划纲要（2010—2020 年）》把提高学生的创新精神和实践能力作为我国高等教育发展的战略重点之一。

三是积极响应党中央、团中央的号召，把社会实践活动与专业学习相结合，充分利用自身的人才、教育、科研等优势，开展了主题鲜明、贴近专业、贴近生活的生态文明社会实践。2004 年，中共中央、国务院颁发了《关于进一步加强和改进大学生思想政治教育的意见》，对新时期大学生社会实践的作用、形式、体制和机制等作了全面部署。2005 年，《关于进一步加强和改进大学生社会实践的意见》要求，把社会实践纳入教学计划，全面开展文化、科技、卫生“三下乡”和科教、文体、法律、卫生“四进社区”等实践活动。2012 年，教育部等部门《关于进一步加强高校实践育人工作的若干意见》强调，社会实践是实践育人的主要形式之一，要把社会实践和课堂教学摆在同等重要的位置，与专业学习、就业创业结合起来。中国农业大学成立科技小院、南京农业大学通过“科技大篷车”“双百工程”、河北农业大学坚守“太行山道路”等，组织师生送科技下乡，推动绿色发展，同时，带动农业增产、农民增收。进入新时代，农林院校参与生

态文明实践的积极性持续高涨，参与生态文明实践的人数越来越多，参与社会领域的范围越来越广，参与方式已从学校组织走向大学生自发和自觉。

四是有力推动生态文明创新创业实践。2002年，《关于进一步深化普通高等学校毕业生就业制度改革有关问题意见的通知》指出，鼓励和支持高校毕业生自主创业，工商和税务部门要简化审批手续，积极给予支持。2004年，《关于深入实施“中国青年创业行动”促进青年就业工作的意见》，进一步从普及创业意识、培养创业能力、提供创业服务、优化创业环境、完善就业指导等方面引导大学生创业。2010年，《教育部关于大力推进高等学校创新创业教育和大学生自主创业工作的意见》提出，要加快构建创新创业教育、创业基地建设、创业扶持政策三位一体的高校创新创业体系。在党和国家的支持、鼓励下，各类学科竞赛和创业计划大赛得到迅速发展，农林院校组织师生立足乡村振兴战略和生态文明建设，围绕资源高效利用、生态环境保护、污染防治与修复等方面开展创新创业实践，有力提升了大学生的创新创业素质，培育了大学生积极参与生态文明创建的意识，成为引领社会文明新风、倡导生态文明的先锋。

五是深入开展生态文明志愿服务。2002年，我国开始全面推广实施青年志愿者注册登记制和志愿服务时间储蓄制。2003年，团中央、教育部实施了“志愿服务西部计划”。2006年，《中共中央关于构建社会主义和谐社会若干重大问题的决定》将志愿服务放入经济社会发展的全局加以考虑，提出以相互关爱、服务社会为主题，深入开展城乡社会志愿服务活动，建立与政府服务、市场服务相衔接的社会志愿服务体系。2008年，《中央精神文明建设指导委员会关于深入开展志愿服务活动的意见》提出，加强全国志愿服务立法进程。2014年，《关于推进志愿服务制度化的意见》强调，志愿服务是创新社会治理的有效途径，是加强新形势下精神文明建设的有力抓手，对于培育和践行社会主义核心价值观、在全社会形成向上向善的力量具有十分重要的意义。2021年，生态环境部、中央文明办共同制定并发布《关于推动生态环境志愿服务发展的指导意见》，推动生态环境志愿服务制度化、规范化、常态化发展。农林院校以“生态文明”为目标，以志愿服务为载体，发动广大师生争做生态文明志愿服务的排头兵，通过习近平生态文明思想理论宣讲、生态环境宣传教育和科学普及、生态环境社会

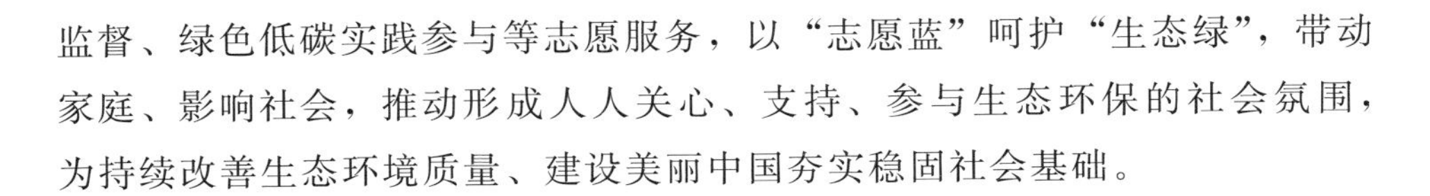

监督、绿色低碳实践参与等志愿服务，以“志愿蓝”呵护“生态绿”，带动家庭、影响社会，推动形成人人关心、支持、参与生态环保的社会氛围，为持续改善生态环境质量、建设美丽中国夯实稳固社会基础。

第四节　生态文明视域下农林院校实践育人的经验

我国生态文明教育在环境教育与可持续发展教育的基础上，经过长期的发展，取得了阶段性成绩，有效提高了社会成员的生态文明素质，促进了社会经济与生态环境的和谐发展。通过农林院校生态文明实践育人的实施，生态文明实践育人发挥了认识、导向、调节、激励和提升功能，体现出导向性、参与性、体验性、渗透性、综合性、专业性、严密性和稳定性等特点。

一、生态文明实践育人的功能

人类从事的教育活动和设立的教育系统对于促进个体的成长和社会的进步具有积极的影响和作用。农林院校生态文明实践育人是对大学生进行有目的、有计划、有系统的教育活动，发挥了认识、导向、调节、激励和提升功能。

第一，认识功能。通过实践育人，让大学生走进社区、走进基层、走进人民群众生产生活实践，参与生动活泼的社会实践，可以帮助大学生认识经济社会发展的现状、水平和面临的问题，了解人民群众生活的现实和最关切的问题、最迫切的需求，倾听群众的呼声和时代的召唤，认清自己身上所负担的社会责任和历史使命，从而增强大学生的时代责任感和历史使命感，引导大学生以主人翁的姿态，想时代之所想，急时代之所急，以更高的热情投入到今后的学习生活中去，提升自己服务他人、奉献社会的本领，积极投身社会主义现代化建设的事业中。

生态文明视域下农林院校实践育人的认识功能主要体现在：

一是帮助大学生充分认识新时代提升生态文明建设的重大意义。了解国家生态文明建设的战略部署、相关制度和法规以及推进生态系统治理方

面的重大举措和显著成效等，增强对生态文明建设的向往和信心。

二是帮助大学生深刻认识习近平生态文明思想的核心要义。习近平生态文明思想是中国共产党领导全国人民持之以恒探索生态环境保护和绿色发展理论和实践的最新成果，是马克思主义基本原理同中国具体实际相结合、同中华优秀传统文化相结合的产物，是习近平新时代中国特色社会主义思想的重要组成部分，要坚持生态兴则文明兴、坚持人与自然和谐共生、坚持绿水青山就是金山银山、坚持良好生态环境是最普惠的民生福祉、坚持山水林田湖草是生命共同体、坚持用最严格制度最严密法治保护生态环境、坚持建设美丽中国全民行动、坚持共谋全球生态文明建设。

第二，导向功能。实践育人是一种目的性和针对性很强的教育实践活动。其根本目的在于通过各种实践活动，提升大学生的综合素质，促进大学生的全面发展，努力使大学生成长为社会主义建设者和接班人。实践育人的目标性和针对性决定了实践育人所具有的导向功能。

生态文明视域下农林院校实践育人的导向功能主要体现在：

一是引导大学生树立正确的生态价值观念，大力弘扬社会主义生态文明观，认识到良好的自然环境对于人类的重要性，认同人类对自然的道德关怀并履行尊重、呵护的道德责任，充分把握建设人与自然和谐共生的现代化的重大价值，以正确的生态价值观念形成合理的生态思维。

二是引导大学生自觉遵循社会生态系统和自然生态系统规律，真正做到尊重自然、保护自然，形成正确的资源节约和理性消费习惯，形成绿色低碳、节能减排的生活方式，主动获取更多有关生态环境方面的知识和技能，以一种正确的生态价值观参与治理环境、保护环境、美化环境的实践，实现人与自然的和谐共生。

第三，调节功能。实践育人有利于帮助大学生在实践过程中强化自我觉察的能力，并科学制定目标和计划，提高个人与环境的适应度，实现个人的不断进步。

生态文明视域下农林院校实践育人的调节功能主要体现在：

一是调节大学生社会化能力。农林院校大学生在参加各种形式和内容的生态文明实践过程中，会自觉不自觉地接受生态文明实践活动的设计、安排和组织，并随着实践团队成员的相互影响，不断地强化对生态文明实践内容的认同，潜移默化地接受生态文明实践过程所传达的生态文明教育思想，达到生态文明实践活动的育人目标。因此，生态文明实践任务的完成或者目标的实现，会强化大学生的创新能力、创新思维、动手能力以及团队意识、奉献意识等，使之内化为大学生的良好品质和综合素养。

二是调节校园生态文化和社会生态文明。大学生通过生态文明实践活动所获得的良好品质和精神风貌，会在校园中产生正面影响，提升整个校园的道德水平和校园文化活动层次。大学生在生态文明实践中展现出来的积极向上、乐于奉献的精神风貌将对社会风气起到良好的推动作用，有利于整个社会生态文明建设的推进。整个社会生态文明的发展也将为大学生的全面发展提供良好的外部环境，实现大学生个人成长和社会进步的相互促进与良性互动。

第四，激励功能。实践育人有利于进一步激发大学生奋发有为的进取精神，增强大学生的社会责任感，激励大学生把个人成长成才与社会发展需要结合起来，引导大学生坚定在中国共产党领导下为实现中华民族伟大复兴中国梦而奋斗的理想信念。

生态文明视域下农林院校实践育人的激励功能主要体现在：

一是激励大学生投身生态文明建设的使命感与责任感。让大学生在接受生态文明教育、参与生态文明实践的过程中，深刻意识到人类所面临的严重的生态环境问题以及生态环境遭到破坏后所引发的一系列社会问题，从而自觉地关注生态环境。

二是激励大学生从理想信念培养高度来认识生态文明建设的个体责任。把生态文明意识培养与个人的立德修身相统一，把生态文明素养与健全人格的培养相融合，在不断克服功利主义不良影响的同时，树立生态伦理意识，提升生态道德水平，强化生态法治思维，增强生态文明建设的思想自觉和行动自觉。

第五，提升功能。实践育人是培养大学生综合素质的重要途径之一，能够弥补单纯理论知识传授和学习所带来的不足，促进大学生各方面能力的综合提升。

生态文明视域下农林院校实践育人的提升功能主要体现在：

一是提升大学生生态环保的专业能力。大学生的专业知识学习中，除

了理论知识的课堂传授之外，试验实习、生产实习、实践训练等都是学习本身的重要组成部分，有利于学生在理论联系实际的基础上实现融会贯通，提高学生对专业知识的综合掌握和运用能力。农林院校要结合学科专业，开展生态环保相关实践，为学生提供更多地开展实操和动手演练的机会，带动大学生学会实地思考并提出生态环保问题的解决方案，提升大学生的思考能力、创新精神和独立解决问题能力等。

二是提升大学生生态环保的兴趣热情。农林院校生态文明实践育人要推动大学生结合自身特点和实际情况选择生态文明实践的方式、时间、地点，并对活动过程进行前期谋划和设计，争取各方资源为活动开展提供支持，并克服困难完成实践任务，做好实践总结和反思等。大学生开展实践的过程也是不断战胜自我、获得发展的过程，能深度地挖掘和锻炼大学生的主体意识和能动作用。

二、生态文明实践育人的特点

生态文明实践育人体现出导向性、参与性、体验性、渗透性、综合性、专业性、严密性和稳定性等特点。

第一，导向性。导向性是指使事物朝某个方向发展的特性。实践育人作为育人途径的一种，是一种目的性和针对性很强的教育实践活动，以提升大学生的思想政治素质、培养大学生的实践创新能力和促进大学生的全面发展等为导向，设计实践育人工作的各项环节和内容，以实践活动为载体，不断实现并强化育人目标。

生态文明视域下农林院校实践育人本质是一种学习活动或者学习过程，其首要目的不是认识和改造客观世界，而是改造大学生的主观世界，具有导向性特征，要求实践的内容和设计必须以强化大学生的生态文明素养，培养大学生勇于探索的创新精神和解决实际问题的实践能力，提升大学生投身生态文明建设的使命感与责任感为工作的出发点和落脚点，服务于思想政治教育和育人工作的大局，最终实现大学生全面发展的目标。

因此，农林院校在开展生态文明实践育人的工作时，要紧紧围绕立德树人的根本任务，根据生态文明教育的整体要求和大学生全面发展的目标，对生态文明实践育人的开展情况和整体安排进行顶层设计和整体谋划，对时间、方式、效果等有一定的预期和监控，保证育人的效果。

第二，参与性。实践育人不同于课堂理论知识传授，是以学生为参与主体而开展的育人活动，其最大特征就是学生的主体参与性。大学生既是实践活动的参与者，更是实践活动的组织者和倡导者，实践育人的所有内容都以大学生作为活动开展的主体。

生态文明视域下农林院校实践育人以提高大学生的生态文明素养、实践创新能力等综合素质为导向和目的，通过组织、引导大学生参与到形式多样、内容丰富的生态文明实践中去，通过生动活泼的实践体验，在认识、分析、解决社会环境问题的同时，获得实践感悟和认识，获得更为丰富深刻的知识、技能和素养，改造自己的主观世界，从而实现大学生的自我教育和自我成长。同时，大学生参与生态文明实践育人会对工作组织和安排产生积极的互动和影响。

因此，农林院校在组织安排生态文明实践育人工作时：一是不能一手包办，要尊重大学生的主体地位，根据大学生的实际情况，针对性地开展生态文明实践育人的相关工作内容；二是调动大学生积极参与生态文明实践育人的谋划设计和实践活动的全过程，提高生态文明实践育人工作的参与程度，充分发挥大学生的主观能动性，从而更好地达到育人效果，如让大学生根据自己的实际情况、兴趣爱好等，选择适合自己的生态文明实践内容、实践方式、实践课题，自行组织、自行设计，在必要的时候寻求帮助和指导；三是根据大学生的意见反馈进行调整、优化。

第三，体验性。体验是指体会、经历，在实践中认识事物，是生理和心理、感性和理性、情感和思想、社会和历史等方面的复合交织的整体矛盾运动。大学生的学习主要以课堂理论知识学习为主，但是理论知识学习存在形式单调、内容枯燥、参与性和活动性较差等不足，在思想道德和意志品质等方面的教育作用更是非常有限。实践育人不仅仅让大学生获得知识和文化，完善自己的知识结构、提升自己的认知水平，而且能够让大学生体会并形成新的情感和意义，锻炼新的思考方式和思维模式，获得心智上的成熟和发展，因此，实践育人具有突出的体验性特征。

生态文明视域下农林院校实践育人通过理论与实践的有效结合，通过帮助大学生不断获得并升华生态文明实践体验，强化大学生在育人工作中

的主体地位，调动大学生参与育人工作的积极性和主动性，更好地激发大学生的创新思维，磨炼大学生的身心意志，强化大学生对生态文明建设的精神归属和价值认同。

因此，农林院校要围绕生态文明教育的工作目标，根据大学生的实际情况和特点，广泛挖掘学校所在地生态资源，适度开展荒野教育等生态教育新模式，为大学生提供、创造或者还原各种生态文明实践机会或者现实情景，使大学生在参与生态文明实践的过程中深化对生态环保知识、技能的理解和掌握，获得丰富的生态文明建设的体验和感悟，在良好的生态环境体验中不断强化生态文明意识和行为。

第四，渗透性。能力需要以掌握一定知识为基础并通过实践锻炼和强化而获得，而素质则需要通过长时间持久的实践而内化形成，并通过能力外显出来。理论知识的学习、识记和掌握仅仅是能力提升的初级阶段，一个人综合素质的提高往往要经过实践的历练和升华。因此，实践育人是育人工作的基本实现载体，是实现素质教育的基本途径。大学生进行理论知识学习经过实践的检验方能更加深刻地理解本质、领会内涵，内化为自己的认识和思想。

生态文明视域下农林院校实践育人的渗透性主要体现在：

一方面，生态文明实践育人是生态文明教育的重要组成部分和基本载体，其内容涵盖生态文明教育的基本内容。生态文明实践育人能促进其他生态文明教育形式的实现，强化其他育人工作的效果。

另一方面，其他生态文明育人工作和育人活动在开展的过程之中无形地渗透了生态文明实践育人的理念和做法。生态文明实践育人与其他生态文明教育工作相互融合、相互交织、相互补充、相互促进。如涉农、生态、环境等专业的课程试验、认知实习等，本身就是课程教学、专业学习的重要环节，也是强化生态文明理论知识与技能提升的重要途径和手段。

因此，农林院校要丰富生态文明实践育人的内容，创新生态文明实践育人的形式，围绕生态文明教育主题，组织好课程实习、毕业实习、生产实习等教学型实践内容，课程试验、科技创新、创业实践等探索体验型实践内容，以及主题教育、勤工助学和社会调查等各种各样的实践活动。

第五，综合性。实践育人是一项综合性、全面性的工作。《关于进一步加强高校实践育人工作的若干意见》中对实践育人外部支撑环境提出了具体要求，地方各级政府整合社会各方面力量，大力支持高校实践育人工作。教育部门要加大对高校实践育人工作的指导和支持力度，进一步发挥好沟通联络作用，积极促进形成实践育人合作机制；财政部门要积极支持高校实践育人工作；宣传、文化等部门要为学生参观爱国主义教育基地、文化艺术场所提供优惠条件；部队要支持学校开展军事训练，积极加强军校合作；共青团要动员和组织学生参加社会实践活动。各高校要成立由主要领导牵头的实践育人工作领导小组，把实践育人工作纳入重要议事日程和年度工作计划，统筹安排，抓好落实；要加强与企事业单位的沟通协商，为学生参加实习实训和实践活动创造条件。企事业单位支付给学生的相关报酬，可依照税收法律法规的规定，在企业所得税前扣除。

生态文明视域下农林院校实践育人既需要政府教育主管部门、企事业单位以及社会的大力支持与相互配合，更需要农林院校的积极努力，需要调动各方的积极性，形成合力，不断为生态文明实践育人搭建平台、提供支持。同时，生态文明实践育人更离不开专业教师、行政人员、后勤保障人员的协同配合，以及作为实践主体的大学生的积极参与，才能最终保证生态文明实践育人工作的顺利开展。

此外，从生态文明实践育人目的来说，也具有综合性特征。生态文明实践育人全面落实党的教育方针，把社会主义核心价值体系贯穿于高等农林教育全过程，深入实施素质教育，坚持理论与实际结合、学用一致，巩固提升大学生的专业素质和专业技能，锻炼大学生的生态文明实践能力和创新意识，优化大学生的身心健康素质，增强大学生投身生态文明建设的使命感与责任感。

第六，专业性。农林院校生态文明实践育人作为新时代生态文明教育的重要方面，与家庭生态文明教育和社会生态文明教育相比，具有明显的专业性。

农林院校有较为专业的生态文明教育教师及各级专门教育管理人员。虽然目前我国各级各类学校的生态文明专业教师还很有限，整体素质也有待于提高，但构建专业化、高素质的生态文明教育教师队伍是农林院校的优势所在，是其他各级各类学校生态文明教育、家庭生态文明教育、社会生态文明教育难以企及的。

农林院校有专门设置的适于实施生态文明教育的设施、设备、资料及较完备的管理制度和各种现代教学手段。如投影仪、显微镜、计算机等教学设备以及大型实验室、实训基地等都是教师向学生传授环境科学知识和进行各种实验的必备条件。

第七，严密性。农林院校生态文明实践育人作为高等农林教育的一个新兴领域，具有较强的组织性和严密性。

农林院校生态文明实践育人的教学内容、教学大纲、教学目标和组织形式等都是经过国家教育、行政等部门，以及相关专家学者的研究论证之后，按要求和计划组织实施的，具有很强的权威性和严密性。如教学内容从认知领域的“生态学”“环境学”等生态知识普及课程，到“环境伦理学”“环境哲学”等生态意识教育课程，再到“环境影响评价”“大气污染控制工程”等生态技能教育课程，充分体现了生态文明教育内容由浅入深、由简单到复杂、由基础到专业的系统性和层次性。

从农林院校生态文明实践育人的实施方式来看，学校对生态文明实践育人的开展情况和整体安排进行了顶层设计和整体谋划，大学生接受生态知识、学习相关课程是在规定的时间和地点，由专门的老师按照教学大纲和教学计划有序开展，并且有明确的教育目标和教学任务。此外，还有对学生学习情况的考试考核、对教育教学的反馈评价等。这些都是农林院校生态文明实践育人严密性的体现。涉及不同的学科门类和学生层次，可以在统一的安排部署下，突出生态环境等方面的专业性与教育性，将生态文明实践育人内容有计划、有目的、有针对性地传授给大学生，为生态文明建设培养高层次的教育、科研、管理人才。

第八，稳定性。农林院校生态文明实践育人同家庭生态文明教育、社会生态文明教育比较，是最为稳定的教育形式。这是因为它拥有稳定的师资队伍、稳定的教育场所、稳定的教育对象和稳定的教育内容、方法以及稳定的师生关系等。正是农林院校生态文明实践育人的稳定性为大范围、高效率传授生态文明知识与技能，培养生态文明建设人才提供了基础保障。

农林院校要持续优化生态文明实践育人的体制机制。任何教育组织和育人活动都有比较规范的运行机制、工作规范、考核规定和纪律要求等。

大学生参加生态文明实践育人活动，既要遵守相应的管理规范和工作要求，也要求不断优化农林院校相关工作的体制机制和育人成效，这不仅为大学生的社会化提供基础和条件，促进了大学生对现代社会的适应，也有利于提高农林院校生态文明实践育人的工作规范和组织化水平。

三、国内外生态文明教育的经验借鉴

国内外都建立了较为完善的生态教育体系及专门教育机构，开展了形式丰富而卓有成效的实践育人活动，为生态文明视域下农林院校实践育人提供了有益的经验借鉴。

（一）国外生态文明教育的经验借鉴

1. 澳大利亚生态文明教育

国家对生态文明教育高度重视。澳大利亚国家生态文明教育协会（AAEE）是全国性生态文明教育专业机构，它始建于1980年，致力于国内外教育从业者生态文明教育技能的提升，目前已成为生态文明教育尖端人才聚集地。AAEE的主要工作在于提供最广泛、有效的教育，来帮助人们形成与可持续发展相适应的生活习惯，以及更有力的地方关系网络的建立以促进合作及技能共享。该协会还会定期组织专业游览和交流研讨会以关注社会变化对环境问题产生的影响，这些活动遵循整体、交互、全球视野的原则，致力于道德标准的提高和调研、评估质量的巩固。

澳大利亚的生态文明教育形式展现的是一种对文化、社会、政治、道德、情感、经济等社会科学要素的环境尺度或自然科学尺度，生态文明教育不仅是对现有环境问题的教育，更是对受教育者新的文明形态的建设能力的培养，其目标不是要解决已有问题，而是要预测和预防将要发生的环境和社会问题。

澳大利亚的生态文明教育主要以学校为平台，以教师培训为起点。从事相关工作的教师首先要对该领域抱有一定兴趣，进而学校会安排相关培训。一方面，在传统的学位教育中，主要针对从事相关工作的教师开设。例如，维多利亚的迪肯大学和昆士兰的格里菲斯大学就联合面向全国范围在职教师开设了生态文明教育远程课程已拥有大学本科学位的教师在完成课程后可获得硕士学位。另一方面，很多大学也面向社会开设生态文明教

育课程，但并不授予学位。例如澳大利亚联邦就业部就曾资助过相关国家专业发展项目，用于对生态文明教育从业人员的培训以及高校、教育系统以及相关专业机构在生态文明教育课程体系构建领域的合作。

虽然澳大利亚已形成全国通用的生态文明教育课程，但教育部门仍致力于课程内容丰富性和本土化程度的提升，倡导针对区域或社区内环境问题开展的测试和课题研究，推动了生态文明教育的多样化、特色化发展。

澳大利亚高等教育中的生态文明教育也是以区域或社区内环境问题的调查和解决为基础，并得到土地所有者的大力支持，他们往往十分乐意将私有土地贡献出来进行动物、土壤、资源管理等方面的科学研究。

2. 加拿大生态文明教育

20 世纪初，加拿大联邦政府和各省政府陆续颁布环境领域保护和教育法案，以契约的强制力进一步丰富了公民对地方性、全国性乃至全球性环境问题的认识。例如，“加拿大绿色计划”就是由联邦政府颁布的致力于净化和保护全国环境的综合性法案，这一法案的颁布使那段时期内的很多生态教育项目应运而生。另外，1993 年，设立“经济生态国家省际圆桌会议”刺激了包括“发展保护策略”在内的大批环境保护活动的开展，这些各省颁布的保护策略中多数都对生态文明教育政策进行了特别陈述。

可持续渔业管理项目和青树教育基金会等非营利性组织在促进生态文明教育活动发展方面发挥了极大作用，为教师科研工作的持续进行提供了很大支持。

加拿大生态文明教育在于对人们生态主体意识和生态责任感的培养，其教育内容贯穿于主流教育之中，引导公众对区域及国家生态问题的关注。由于加拿大倡导对双语制度、文化多元主义以及宗教多元主义，每个省和地区都有自身政治、文化背景以及地理和资源特征，因此，加拿大生态文明教育成为世界上最不具政治性特征的教育体系之一，突出目的纯粹、融合自然的生态文明教育体系。

20 世纪 80—90 年代，生态文明教育已经成为加拿大公民关心的问题。在此阶段，加拿大的生态文明教育主要是靠有影响力的教授开设公开课，通过讲座和课程教学来提高国人对生态问题的关注。有些科学家还会借助媒体对生态问题进行宣传，极大地激发了公众对加拿大林业、渔业等特有环境问题的关注。

随着生态文明教育的发展，从基础教育到高等教育，生态文明教育已不仅仅作为选修课程被强调，而是被提升到学术和行政管理层面。很多省份科学课程的课程大纲都明确规定了学校需要提供的环境教育相关活动，越来越多的省份将生态文明教育内容融入已有课程中或者建立起可持续性的教育发展战略。

加拿大联邦政府针对中小学生生态文明教育颁布了“市民环境项目”和“可持续发展学习项目”来支持生态文明教育发展。“地球学院”“环境学院”等展览如雨后春笋般出现在各中小学的教室或走廊里，这些展览涵盖的主题多种多样，从水资源到森林资源再到加拿大本土生物基因都充满地域特色。

3. 西班牙生态文明教育

西班牙设有生态文明教育管理机构，包含技术工作小组、基础建设小组以及管理小组。技术工作小组主要负责对全国范围内的生态文明教育工作进行统计和数据分析，制订西班牙生态文明教育实施计划；基础建设小组的主要任务在于建设生态文明教育的物质基础和社会环境，建设生态文明教育的学校教育机制，并把健康教育和生态消费理念融入学校教育之中；管理小组的使命在于分析、分配已有和应有的工作内容，组织志愿者和相关活动。另外，世界保护同盟支持下的西班牙生态教育委员会定期会举办研讨会，政府和非政府组织都会派出代表参与研讨会，为西班牙的生态文明教育战略制定也作出了重要贡献。

国家层面的生态文明教育目标在于实现官方和非官方教育项目的协同发展，提升生态环境问题的公众参与程度。

西班牙早在20世纪末就指出生态文明教育是一门跨学科教育课程，环境教育、健康教育、民主教育和社会平等理念教育都是西班牙生态文明教育的内容，生态文明教育具有很强的实践性。

20世纪末，有些学校强烈呼吁将生态文明教育纳入少儿教育必修课，得到广泛社会支持，有些学校每年都会获得经费支持以开展相关研讨会、夏令营和庆典等活动。

在中学教育阶段，学生获得生态文明教育途径主要有三种：第一，所有科学方向的学生都必须学习生态学相关课程；第二，学校对这五种方向的学生统一开设相关选修课，学生们可进行自主选择；第三，在所有学生的必修课程中实际上都包含生态学基本知识、生态伦理以及与之相适应的行为规范等教育内容，这些内容分散在各学科中。

在职业教育方面，学生可以通过参加环境相关的社会活动或参与项目来接受环境相关教育，掌握园艺、农耕、清理污染物等环境保护技能。

高中阶段，学生必须接受生态学、环境问题、地球科学等相关专业课的学习。

在高等教育阶段，生态文明教育涉及相关课程、研讨会、学术会议、调研等，甚至社会学、政治学、哲学、生物学等专业都包含生态文明教育内容，充分体现出生态文明教育的跨学科属性。对于高校教师教学能力的培训也被突出强调，每个地方都有针对在职教师的培训课程，这些内容包括生态文明教育方法论、结构主义学习方法、环境问题研究以及对跨学科课程评估能力培养。

在西班牙，学生有很多可以接触到生态文明的校外学习机会，如生态学家小组、野外教育中心等。在环境教育蓬勃发展的影响下，人们对生态环境问题的关注度也大大提升，西班牙已有近半数人口通过国内或国际非政府组织参与到环境事务中。西班牙野外教育中心往往都以农舍及古代豪华宅邸为主要教育活动基地，给人们提供了亲近自然、了解自然的机会，培养人们保护自然资源的热情，同时，将生态文明教育与民主政治教育有机融合，实现了二者的相互促进。

（二）国内生态文明教育的经验借鉴

1. 香港地区生态文明教育

在生态文明教育形成初期，香港出现了“绿色力量”“保护协会”“地球之友”三支强有力的生态文明教育社会团体，是香港生态文明教育的先驱。香港于1989年发布了《白皮书：对抗污染莫迟疑》，通过对基本环境意识的阐释和对政府最低环境支出的限定，从管理和教育的角度明确表明了政府治理污染和保护环境的决心。白皮书推动了人们生态意识的增强以及相关环境项目的建设。

1992年，《学校生态文明教育指导方针》的出版和普及使用从官方立场给定了学校生态文明教育的目标和方向，此后，“环境研究”作为一门课程正式走入中学课堂。21世纪前，香港各阶段课堂教育主要还是延续以教师为中心的集中授课模式，几乎不存在以具体环境问题为研究对象进行的实证研究，内容和方式单一，缺少评价检验。进入21世纪后，为解决香港生态文明教育受众范围的问题，提高全社会生态文明教育水平，教育工作者积极运用互联网等现代通信技术扩大教育影响。教育内容从侧重环境知识传播转变为对生态伦理和价值选择的引导以及对公共事务决策能力的提高。

香港高校的生态文明教育成为校园文化生活和学生社会实践的重要部分。香港高校的生态文明教育得到了财团和非政府组织的大力支持，很多课程是在非官方资本的支持下得以开设的。香港高校也在教师培训方面下了很大工夫，香港大学、香港中文大学等主要高校都给全体教师提供机会选修相关课程，而师范类专业的本科生要将环境教育作为必修课程。

每所学校都会开展“绿色计划”项目，如香港城市大学将“可持续发展”作为基本理念和办学特色，以服务绿色生态城市建设作为自身回馈社会的主要方式，在能源节约、废物循环、污染控制等方面为城市环境改善作出突出贡献，还会面向全社会定期开展环境讲座、组织生态游活动，学生也要定期参加公园除草、海滩垃圾清理等活动，产生了积极的社会影响。

2. 台湾地区生态文明教育

1987年，台湾成立环境保护署。1993年，成立环境教育学会，从事环境教育研究实施、理论探讨、教育活动开展，并以加强岛内外各环境教育咨询交流与联络，落实政府机关及民间组织的环境教育整合为宗旨。该协会已有会员过千人，每年举办的国际环境教育论坛已经发展为全世界最具影响力的环境教育论坛，与台湾其他环境类非政府组织相比，该协会最大的特征在于其极强的学术性，该协会产生的研究成果主要从宏观视角解读社会环境和自然环境存在的问题。

台湾出台了多项计划来完善生态文明教育有效策略、提高学校生态文明教育质量。这些计划分为正式和非正式两种形式，其中正式计划包括生态教育概念研究、生态价值教育策略、生态行为教育、生态素养教育、教师岗前培训模式、在岗教师培训模式以及户外教育等。而非正式教育计划包括应用于各类社团和组织的有效生态文明教育模型构建、针对工业和商业领域的生态文明培训项目建设、有效的教育媒体覆盖等。

台湾有100多个致力于提高民众生态化生活素养的非政府组织，例如家庭主妇联盟通过徒步旅行的方式来鼓励主妇了解自然环境和人类活动对自然产生的影响；鸟类协会会定期举办观鸟、夏令营，以及各种各样的课程来帮助公众了解野生动物。

从社会教育方面来看，台湾的公园、自然中心以及博物馆都在支持环境教育方面表现出很大积极性。公园和自然中心定期举办讲座和自然追踪活动，为公众提供了了解自然环境的机会，人们在资源循环利用、垃圾清理、古树和文物保护方面都产生很大热情并形成良好自觉性。

从教师培训环节来看，生态教育教师的岗前培训课程和教育基地主要在台湾的12所师范类学校开展和设立。台湾的师范类学校不仅培养了一大批环境教育人才，而且在各教育阶段教材内容的编写和教育材料的收集上也发挥了重要的作用。

到20世纪末，生态教育课程在多数学校中仅为选修课，甚至只面向数学等自然科学教育专业开设，普及程度较低。

1996年，台湾进行了教育改革，主要寄希望于通过基础研究的发展提升生态文明教育项目的有效性。学者们普遍认可生态文明教育的跨学科性，在生态教育领域倡导以“绿色计划”来代替课程更新，成功实现了生态教育系统化。此外，教师培训方式发生了转变，培训主要场所从教室转向户外，教育工作者结合实践很好地丰富了教育素材，让教育者可以同步感受到人类社会和自然界的发展，领略生态教育的基本精神，激发其创新能力。

综上所述，国内外生态文明教育为农林院校生态文明实践育人提供了有益的借鉴。主要体现在：

第一，生态文明教育不仅是环境问题教育，还要强调其跨学科性特征，将其融入上层建筑，从政治、经济、文化、社会等层面全面分析人类活动与自然界产生的相互作用关系，以及环境问题中反映出的人们思维和行为方式存在的异化问题。

第二，开展生态文明教育的最好切入点是公民责任意识，既要从各个层次开展全民性生态文明教育，也要将其作为全民性、终身性教育，更要发挥高校生态文明教育的优势。

第三，生态文明教育不能脱离各种自然和社会关系存在，要加强实践育人，为大学生提供生态沙龙、自然追踪等实践学习机会，培养其生态责任感和良好生活习惯，同时，通过大学生的示范引领，在全社会层面形成更大的生态效益和社会效益。

第四，生态文明教育离不开法治力量和政策保障，要始终坚持对环境法体系化的探索与追求，科学整合生态环境立法，满足生态文明建设需求，推动绿色发展。

第四章　生态文明视域下农林院校实践育人的现实依据

农林院校要深刻认识生态文明实践育人的价值意蕴，全面分析生态文明实践育人的总体样态，深入剖析突出问题及问题成因，为提高生态文明实践育人质量奠定坚实的基础。

第一节　生态文明视域下农林院校实践育人的价值意蕴

生态文明视域下农林院校实践育人具有重要的理论价值和现实意义，应当充分认识生态文明视域下农林院校实践育人的重要性和紧迫性。

一、理论价值

探讨生态文明视域下农林院校实践育人的科学内涵、理论依据、时代背景、工作现状、现实问题和发展对策，对丰富和发展生态文明教育理论和方法、思想政治教育理论和方法、高等教育理论和方法具有积极的意义。

（一）有利于丰富生态文明教育理论和方法

生态文明是在工业文明的基础上生长与发展的现代文明，而文明的进化与发展，自然离不开教育。我国生态文明建设一定程度上取决于当代大学生的生态文明意识的普及程度和生态道德素质高低程度。生态文明教育的兴起，必将会引起高校教育功能和教育观念的变化。以往的教育功能主要强调教育对社会发展的经济功能、政治功能、文化功能，随着生态文明的到来，考察教育的功能，不仅要考虑经济、政治及文化功能，还要注重其生态功能，教育的各种功能也将因生态功能的贯穿而实现新的调整。传统的教育价值观，是一种以人为中心的价值观，生态文明的出现，使当代

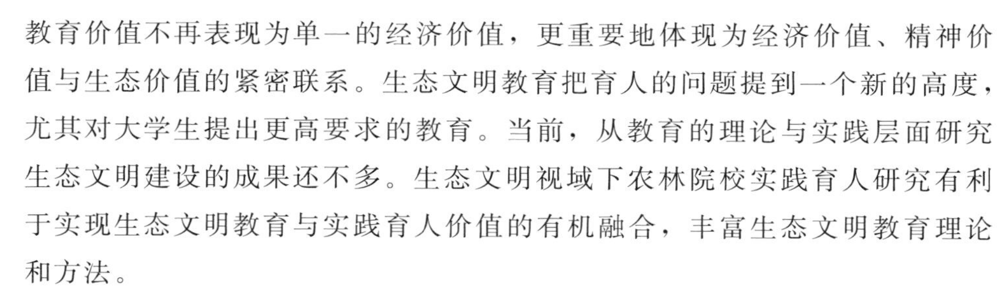

教育价值不再表现为单一的经济价值，更重要地体现为经济价值、精神价值与生态价值的紧密联系。生态文明教育把育人的问题提到一个新的高度，尤其对大学生提出更高要求的教育。当前，从教育的理论与实践层面研究生态文明建设的成果还不多。生态文明视域下农林院校实践育人研究有利于实现生态文明教育与实践育人价值的有机融合，丰富生态文明教育理论和方法。

（二）有利于丰富思想政治教育理论和方法

立德树人是教育的根本任务。党的十八大报告指出，“把立德树人作为教育的根本任务，培养德智体美全面发展的社会主义建设者和接班人”[1]。虽然思想政治教育学科现已初步建立起独具特色的话语体系和知识结构，但是大量研究仍然停留在经验总结层面上的探讨，缺乏学理性和学术性凝练。实践育人是高校人才培养的重要环节，也是加强和改进大学生思想政治教育的重要途径，在思想政治教育、促进大学生全面发展方面具有重要的价值。生态文明视域下农林院校实践育人研究涉及教育学、管理学、社会学、心理学等多个学科领域，有利于开展跨学科研究，丰富思想政治教育理论和方法。

（三）有利于丰富高等教育理论和方法

从古至今，“知行统一”的教育思想一直贯穿于中华文化产生、发展、传承的全过程，是中华文化的精髓。实践育人既是一种有效的育人方式，也是一种系统化的育人理念。实践育人通过个体参与现实活动的方式，充分调动了个体的内在因素和主观能动性，实现知、情、意、景的有机结合，实现个体素质的全面提升。教育与生产劳动相结合作为党的教育方针一直贯穿于我国高等教育发展改革创新的全过程，为高校实践育人指明了方向、奠定了基础。随着高等教育改革的深入，对高校实践育人基本规律的把握也在不断深化。目前，我国高等农林教育正处于一个高速发展时期，农林院校学生实践能力培养体系尚未完善，生态文明视域下农林院校实践育人的理论与实践还不够成熟，这对农林院校人才培养质量产生了深远的影响。从高等教育的改革发展来看，实践育人是一项新的研究内容。生态文明视

[1] 胡锦涛．坚定不移沿着中国特色社会主义道路前进为全面建成小康社会而奋斗——在中国共产党第十八次全国代表大会上的报告［M］．北京：人民出版社，2012：35.

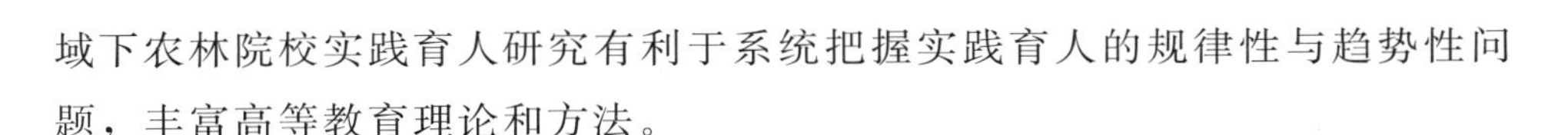

域下农林院校实践育人研究有利于系统把握实践育人的规律性与趋势性问题，丰富高等教育理论和方法。

二、现实意义

党和国家历来高度重视实践育人工作和生态文明建设。生态文明视域下农林院校实践育人研究对落实立德树人根本任务、构建高质量教育体系、助力美丽中国建设具有重要的现实意义。

（一）有利于落实立德树人根本任务

落实立德树人根本任务就是要解决“培养什么样的人、如何培养人以及为谁培养人”的问题。其中，“培养什么样的人”是目的和根本，“如何培养人”是途径和载体。中共中央、国务院《关于进一步加强和改进大学生思想政治教育的意见》指出，我国高校加强和改进大学生思想政治教育的主要任务是以理想信念教育为核心，深入进行树立正确的世界观、人生观、价值观教育；以爱国主义教育为重点，深入进行弘扬和培育民族精神教育；以基本道德规范为基础，深入进行公民道德教育；以大学生全面发展为目标，深入开展素质教育。良好的生态道德素质和良好的生态文明观念，是衡量一个国家和民族文明程度的重要标志，也是现代社会衡量公民素质的重要标尺。积极开展生态文明教育，践行生态文明理念，对于提高大学生的生态文明素质，促进大学生的全面发展具有积极的推动作用。

加强和改进生态文明视域下农林院校实践育人工作，有利于帮助大学生了解党情、国情、社情和民情，将习近平新时代中国特色社会主义思想植根人心，不断增强政治认同、制度认同和文化认同，不断坚定道路自信、理论自信、制度自信、文化自信，促进大学生动手能力、观察能力、交流与沟通能力、分析判断能力、解决问题能力、创新能力等能力的全面提升，成为能够担当民族复兴大任的时代新人。

（二）有利于构建高质量教育体系

招生规模的迅速扩大影响教学质量的提升，快速变化的科技浪潮和产业变革导致传统模式培养的人才难以适应社会发展。高等教育综合改革中最直接、最明确的要求和任务就是坚持育人为本、转变教育理念、创新人才培养机制，提高育人质量。在培养人的过程中，价值观的形成，知识是基础，实践是由知转化为行的纽带。理论知识只有通过与生产劳动相结合、与社会实践相结合才能达到知行合一。实践育人能加深大学生对理论知识的理解，提升知识的应用能力和动手能力，获取工作经验和工作能力，能提高大学生的学习兴趣，增强大学生的学习自主性，启发学生的创新意识，也是提升大学生职业能力的重要途径，促进大学生社会化、个性化发展的必经之路。

实践能力培养是农林院校人才培养的薄弱环节，加强大学生实践能力培养是提高教育质量的内在要求。加强和改进生态文明视域下农林院校实践育人工作，有利于深化教育教学改革，激发实践主体的内生动力，积极调动、协同、整合外在各方资源，探索构建高校实践育人机制，形成目标共同、机制共建、资源共享、多方共赢的实践育人协同体系，改变重理论轻实践、重知识传授轻能力培养的观念，提高人才培养质量，建立高质量教育体系。

（三）有利于助力美丽中国建设

中国式现代化建设需要数以万计的高素质专门人才，生态文明建设是中国式现代化的重要内容和路径选择。

首先，良好的资源环境是中国式现代化的基础。中国式现代化反对盲目地追求财富的无限增长，强调在经济社会发展中充分考虑资源环境的承载力，尊重生态系统的运行法则，坚持经济效益、社会效益、生态效益的高度统一，追求经济社会与人口、资源、环境的协调发展、可持续发展。

其次，实现永续发展是中国式现代化的战略选择。绿色发展理念是人类基于对自然界的理性认识，在理性认识的指导下实现人与自然和谐的物质变换，达到人与自然内在协调统一的目的。高质量的现代化经济体系必然是资源节约、环境友好的绿色发展体系。

再次，人民日益增长的美好生态需要是中国式现代化的目标。“环境就是民生，青山就是美丽，蓝天也是幸福。发展经济是为了民生，保护生态环境同样也是为了民生。”“良好的生态环境是最公平的公共产品，是最普惠的民生福祉。”中国式现代化必须坚持生态惠民、生态利民、生态为民，在创造更多物质财富和精神财富的同时，也要为人民群众提供更多更优质的生态产品。

生态文明建设要求加强生态文明宣传教育，增强全民节约意识、环保意识、生态意识。当代大学生思想活跃、视野开阔、追求进步，是我国生态文明建设的主力军。但由于我国生态文明建设刚刚起步，许多人对生态文明建设的关注度还远远不够，特别是当代大学生生态文明教育还存在很多“盲区”。加强和改进生态文明视域下农林院校实践育人工作：一方面，有利于把生态文明教育纳入正规国民教育体系，以正规教育和非正规教育相结合的方式积极在全社会开展生态文明教育，提高国民素质、实现国家永续发展；另一方面，有利于增强大学生服务国家服务人民的社会责任感，提高大学生生态文明素养，同时，通过大学生来带动和提高广大人民群众的生态文明素质，正确认识和遵从生态发展规律，正确看待人与自然、人与社会、人与人的关系，让全社会自觉地肩负起保护自然生态环境的责任，反对不可持续的消费模式和不文明的行为方式，共同推动生态文明建设。

第二节　生态文明视域下农林院校实践育人的总体样态

教育是国之大计、党之大计。农林院校认真贯彻落实党和国家建设生态文明的部署和要求，扎实推进生态文明实践育人，思想认识不断提高、活动平台不断改善、活动载体不断丰富、保障机制不断强化、工作模式不断创新、质量效果不断提升，取得了一定成效。

一、生态文明实践育人的思想认识不断提高

第一，关于生态文明建设的重要性认识得到加强。生态文明建设与经济社会发展互为依存、互为促进的。社会的发展必须依赖于自然资源的开发和利用，同时要注意保护好环境，加强生态文明建设，实现可持续发展。要做到既在合理开发和利用资源中求发展，又在发展中保护环境，实现人与自然的高度和谐，实现人与自然的共荣共存。

党的十八大报告首次单篇论述生态文明，首次把“美丽中国”作为未来生态文明建设的宏伟目标，把生态文明建设摆在总体布局的高度来论述。

党的十九大报告指出，生态文明建设功在当代、利在千秋，第一次将

“坚持人与自然和谐共生”纳入新时代坚持和发展中国特色社会主义的基本方略，集中体现了党中央全面提升生态文明、建设美丽中国的坚定决心和坚强意志，为中国特色社会主义新时代树起了生态文明建设的里程碑。

党的二十大报告提出推动绿色发展，促进人与自然和谐共生。农林院校主动承担起建设生态文明，助力乡村振兴的时代使命，勉励广大师生争做生态文明建设的守护者和贡献者，为实现中华民族伟大复兴、永续发展贡献智慧和力量。

第二，关于生态文明教育的思想认识得到提升。当前我国生态文明建设正处于压力叠加、负重前行的关键期，生态文明教育是生态文明建设的重要环节。农林院校坚持把生态文明教育融入育人全过程，在课程设置、社会实践、校园活动等环节，加强了生态文明教育内容的融入，不断创新生态文明教育的内容和形式，着力培养拥有与新时代新青年相适应的生态品德、生态品格和生态品行，以更好地适应以生态优先、绿色发展为导向的高质量发展的未来。

二、生态文明实践育人的活动平台不断改善

第一，农林院校基础设施得到改善。农林院校基础设施主要包括教学环境设施、实验室设备、教学实习基地、图书馆建设、网络及信息化设施、运动场及体育设施等，是学校实现社会职能和办学任务的基本前提和重要物质保证。农林院校基础设施的改善不仅优化了育人环境，而且有效提高了高等农林教育和生态文明教育的教学水平和办学质量，促进和推动了生态文明实践育人的高质量发展。随着我国改革开放的不断推进，社会经济实现了稳步增长，也助推了我国教育事业的高速发展。目前，我国每年财政性教育经费支出总额已经超过 2 万亿元，教育经费投入持续加大。除了财政拨款，社会资金的有效注入进一步提高了农林院校实际可用教学经费，企事业单位通过教育基金、专项奖助学金等形式积极支持农林院校的发展，教育和办学经费的持续稳定保障，大大加快了农林院校基础设施和师资队伍建设，为农林院校生态文明实践育人带来了新的机遇、搭建了新的平台。

第二，农林院校活动平台得到拓展。生态文明实践育人是一项系统性和开放性的工作，要求农林院校在工作中主动与社会企业加强沟通和交流，

深入挖掘农林院校的科研教学优势，深刻剖析企业发展的困境和现实需要，密切合作、互补有无，形成集成创新、协同创新的优势力量，努力为大学生专业实习、社会实践、创业就业创造良好的外围条件。在生态文明实践育人的实践探索过程中，农林院校十分注重与社会各类用人单位建立长期合作关系，保持畅通的信息交互，从社会和市场的实际要求与大学生成长成才的现实需求出发，建立了形式多样的思想政治教育基地、专业教学实习基地、模拟创业基地、勤工助学基地、志愿服务基地、社会实践基地等，并以此为平台尝试探索合作办学、协同创新等新的合作项目，不仅实现了共赢，更推动了产学研的有效结合，为农林院校生态文明实践育人探寻到了新路。

三、生态文明实践育人的活动载体不断丰富

第一，研究型生态文明实践育人不断深入。为培养大学生的创新能力，农林院校和社会相关组织为大学生提供生态文明研究相关的专业体验、课程实践、创新研究等实践，强调实践主题和内容与生态文明建设的关联性，着重培养的是大学生的自主研究能力、自主发现问题和分析问题的能力。如围绕农业强国、乡村振兴、减污降碳、污染防治、生态保护、气候变化、绿色发展等主题进行课题申报、课题调研，参加课程实践、科研创新项目和学科竞赛等。

第二，教化型生态文明实践育人不断完善。为了培育大学生的生态文明素养，农林院校通过社会实践、主题教育等活动，促进生态文明实践与大学生世界观、人生观、价值观教育相结合，与思想政治教育的融合，与理想信念教育相结合，与政治理论素养相结合，通过生态文明实践帮助大学生树立正确的人生理想和价值追求。如开展爱绿、植绿、护绿“三绿”行动，以及绿地管护、文明督察、给树涂白、爱心鸟巢等活动，组织水日、地球日、环保日等重要环保纪念日活动，培养大学生生态文明意识。

第三，公益型生态文明实践育人不断丰富。为了更好地服务于乡村振兴和生态文明建设，农林院校组织大学生深入工厂车间、田间地头、城镇社区开展公益实践、社会调研、劳动调研等活动。如开展生态文明政策宣讲、垃圾分类、水质监测、土壤监测、空气质量检测、生态庭院建设、生

态体验活动、服务“三农”发展等实践活动。

四、生态文明实践育人的保障机制不断强化

健全的工作制度是各项工作顺利开展的前提和保障。生态文明实践育人作为一项涉及面广、系统性强的育人工作，其持久深入地开展需建立一套科学完善、与社会发展相适应的制度。从制度政策的延续性来看，我国逐渐建立了一整套推动生态文明教育与实践育人工作的制度体系，为农林院校生态文明实践育人提供了政策依据和制度保障。

第一，关于生态文明教育的制度更加完善。

2008年，为加强生态文明教育基地的建设与管理，促进全社会牢固树立生态文明观念，国家林业局　教育部　共青团中央关于印发《国家生态文明教育基地管理办法》。

2018年，为推进资源全面节约和循环利用，下发了《教育部办公厅等六部门关于在学校推进生活垃圾分类管理工作的通知》，决定在各级各类学校实施生活垃圾分类管理。

2021年，为体现现代农业新技术新业态新变化，强化生态文明教育，培养学生“大国三农”情怀，教育部印发了《加强和改进涉农高校耕读教育工作方案》。

2022年，把绿色低碳发展理念全面融入国民教育体系各个层次和各个领域，培养践行绿色低碳理念、适应绿色低碳社会、引领绿色低碳发展的新一代青少年，教育部先后印发了《绿色低碳发展国民教育体系建设实施方案》《加强碳达峰碳中和高等教育人才培养体系建设工作方案》。

第二，关于实践育人的制度更加巩固。

新中国成立以来，党和国家领导人坚持马克思主义的教育思想，把教育与生产劳动相结合作为党的教育方针，将大学生社会实践列入教学计划，作为高等教育的重要组成部分。改革开放以后，随着大学生社会实践活动的不断深入，国家的各项保障措施相继出台，大学生社会实践的保障机制日趋完善。

1986年，共青团中央和全国学联联合启动了“社会实践建设营”的行动计划，在全国范围内进行统一部署和领导，初步建立了大学生社会实践

活动的组织保障机制。

1987 年，国家教育委员会、共青团中央《关于广泛组织高等学校学生参加社会实践活动的意见》，指出高等学校学生参加社会实践活动，是青年知识分子健康成长的重要途径。对实践活动的领导机制、组织开展和内容目标进行了全面部署，建立了大学生参加社会实践活动的考核机制，这是大学生社会实践活动发展历史的重要性文件。

1987 年，中共中央颁发《关于改进和加强高等学校思想政治工作的决定》，提出积极引导学生参加社会实践。

1992 年，中宣部、国家教委、共青团中央颁发了《关于广泛深入持久地开展高等学校学生社会实践活动的意见》，该意见规定了学生参加社会实践活动的学时学分，并要求把大学生参加社会实践活动的成绩，作为对学生进行综合评价、评优评先和深造读研的参考依据。大学生社会实践活动的组织领导和保障制度等进一步健全和完善。

2004 年，中共中央、国务院颁发《关于进一步加强和改进大学生思想政治教育的意见》首次提出实践育人，指出要把理论武装与实践育人结合起来，既重视课堂教育，又注重引导大学生深入社会、了解社会、服务社会。

2005 年，中宣部、中央文明办、教育部、共青团中央《关于进一步加强和改进大学生社会实践的意见》强调理论教育和实践教育相结合是大学生思想政治教育的根本原则，进一步明确加强和改进大学生社会实践具有不可代替的重要作用。

2011 年，《教育部关于进一步加强和改进研究生思想政治教育的若干意见》强调要强化研究生实践教育环节，将社会实践纳入研究生培养方案，作为研究生培养的必要环节。

2012 年，进一步加强新形势下高校实践育人工作，《教育部等部门关于进一步加强高校实践育人工作的若干意见》，为开展高校实践育人指明了方向。

2017 年，中共中央、国务院印发了《关于加强和改进新形势下高校思想政治工作的意见》，实践育人成为新形势下高校思想政治工作的重要内容。同年，为大力提升高校思想政治工作质量，中共教育部党组印发《高校思想政治工作质量提升工程实施纲要》，明确了构建实践育人质量提升体系的任务。

第三，关于高等农林教育的制度更加有力。

2013 年，进一步深化高等农林教育综合改革，提升高等农林院校服务生态文明、农业现代化和社会主义新农村建设的能力与水平，印发了《教育部　农业部　国家林业局关于推进高等农林教育综合改革的若干意见》。

2018 年，为建设中国特色、世界水平的一流农林专业，培养懂农业、爱农村、爱农民的一流农林人才，为乡村振兴发展和生态文明建设提供强有力的人才支撑，教育部、农业农村部、国家林业和草原局发布《关于加强农科教结合实施卓越农林人才教育培养计划 2.0 的意见》。

2022 年，加快新农科建设，推进高等农林教育创新发展，教育部等四部门发布《关于加快新农科建设推进高等农林教育创新发展的意见》。

五、生态文明实践育人的工作模式不断创新

农林院校立足学科，挖掘了生态文明教育资源，开展了丰富多彩、形式多样的实践育人活动，创新了实践育人模式。

第一，创新实践教学模式。华中农业大学提出了基础课实验教学改革“大融合、大开放”的理念。所谓“大融合”是指在保持数理化基础课实验学科体系相对独立的基础上，以实验项目为载体，通过整合优化实验项目、实验技能和创新能力培养的要素，促进数理化基础课实验内容之间的融合，数理化基础课实验内容与农科各专业知识技能之间的融合，课内实验教学与课外自主创新之间的融合；所谓“大开放”是指实验教学活动实行项目、时间、空间、兴趣、资源等的全面开放，且贯通课内外，把学习的自主权交给学生，实现“差异教学、特色培养”的目标。通过这一理念的应用和全面实施，学校人才培养质量显著提升。[1]

第二，强化岗位实践体验。浙江农林大学深化劳动教育，建立“三农”出题、政企助题、师生解题、基地验题的专业学位研究生实践能力培养机制。通过科技特派员身体力行的示范、带动式的劳动教育，在岗位场景、

---

[1] 韩鹤友，肖湘平，等. 农林高校基础课实验大融合大开放教学改革的研究与实践［A］. 新理念　新实践　华中农业大学“实践-创新-融合-提升”教育思想大讨论成果文集［C］. 北京：高等教育出版社，2013：254－260.

岗位实践、实际劳动的深度体验中厚植农科类专业学位研究生的“三农”情怀。引导学生积极服务绿色发展、体验农村生活，在“三农”一线环境中强化专业认同和生态素养的养成，将价值塑造、知识传授和能力培养融为一体。

第三，开展特色社会实践。北京林业大学相继形成大学生“绿色咨询”“绿桥”和“全国青少年绿色长征”等品牌活动，联合全国其他高校开展“国家自然保护区考察”“国家林业生态建设工程调查”“农村水资源调查”等大学生实践考察活动，深入农村及社区开展环保调研和绿色咨询，率先推广垃圾分类回收和校园农耕项目，种植首都大学生青春奥运林等。

第四，打造志愿服务精品。华中农业大学依托本禹志愿服务队开展“耕读同行”志愿服务，选派 16 批 163 名研究生志愿者到贵州省毕节市大水乡大石村和湖北省建始县官店镇摩峰村开展支教；搭建“学校＋地方＋企业”爱心桥，组织志愿者多渠道联络社会爱心企业，募集修建改造教学设施；搭建“阡陌学堂”在线教育平台，邀请社会各行业优秀代表为支教点学生在线授课。西北农林科技大学“浓情蜜意”实践团队以“公益项目接力”的形式，坚持深入秦岭山区周至县红旗村，邀请专家为村民讲授中蜂养殖技术，并成立创业团队帮助村民销售，村民人均收入不断提升，大批劳动力返乡，地方经济焕发新的生命力，该项目获第四届中国青年志愿服务公益创业大赛金奖。

六、生态文明实践育人的质量效果不断提升

经过长期的探索与发展，农林院校生态文明实践育人在顶层设计、日常管理、育人效果等方面都得到了不断提升，为我国农业农村现代化和生态文明建设输送了大批人才。

第一，农林院校生态文明实践育人的管理得到提升。

一是农林院校基本成立了由校党委领导担任主要负责人的生态文明教育工作领导小组，在校内整合了专业教师、辅导员、班主任、行政人员等群体，校外争取了科研院所、企事业单位、家长、校友等广泛支持，组建了生态文明实践育人的队伍。

二是加强了生态文明教育的顶层设计，进一步完善了相关的管理制度、

政策扶持、经费投入、基础设施等。

第二，大学生生态文明的素养得到提升。

一是通过生态文明实践育人，大学生领悟到最现实的生态伦理。生态文明教育实践课程让教育者与受教育者一同认识自然规律，感受自然作为生物共同体的魅力。如大学生在实践课程中观察工业污染对周围环境的影响情况，定期采集数据，自行归纳环境变化的过程及其对周边生物圈的影响。在观察和总结的过程中，启发和引导大学生的伦理思维，教育并督促大学生感受生态平衡的重要性，自觉将道德关怀普及到自然界。

二是通过生态文明实践育人，大学生体会到中国特色的生态文化。在很大程度上，文化特色是由特定的地貌环境决定的，中原地区的平原地势与发达水系是中华文明的发源地，孕育了传统文化柔中带刚、抽象贵柔的独特魅力。生态文明实践育人引导学生感受中华文明得以形成和发展的生态根源，体会传统文化的智慧所在，传承中国特色生态文化理念。

三是通过生态文明实践育人，大学生感受到自然之美。生态文明实践育人使大学生在实践中体悟到自然之美，有意识地培养其审美能力和艺术创造力，从而提升其精神生活层次，塑造其积极健康的向上人格。

第三节　生态文明视域下农林院校实践育人的突出问题

改革开放以来，在党和国家的高度重视下，农林院校生态文明实践育人的理念逐步形成共识、深入人心，在实践平台拓展、实践形式丰富、实践制度保障等方面有了很大的突破，机制愈加成熟完善，功能发挥更加充分，育人成效更加凸显。但是，在思想认识、教育内容、工作体系、工作机制、教育资源、师资队伍、质量效果等七个方面仍然存在不平衡、不全面、不系统、不完善、不充分、不成熟、不均衡的问题。

一、生态文明实践育人的思想认识不平衡

农林院校对生态文明实践育人是否有正确的思想认识，是生态文明教育质量提升的基本前提。

树立科学的发展理念，有助于理性地理解并深刻把握高等教育的内涵、外延、本质及其内在发展规律，更好地推动高校走上高质量发展的道路。我国传统教育观念重理论知识，轻实践技能；重逻辑思维训练，轻实践经验培养；重课堂教学，轻课外实践。我国目前仍处在社会主义初级阶段，生产力发展质量有待提高，要早日实现中国式现代化，跻入发达国家行列，需要大力发展科技和经济，而科技和经济的发展又取决于高校对高素质人才的培养。尤其在面临诸多环境污染与生态治理问题的当代社会，生态文明教育应是高校内涵提升的基本要求。

生态文明教育是一门综合性较强的学科，它是以培养受教育者的生态文明意识和生态伦理道德为主要内容的学科，关系长远，但是与升学、就业等短期工作的关联并不紧密，因此，往往受到一些农林院校和师生的忽视，没有从长远、全局的角度将其视为履行学校办学使命、落实立德树人根本任务的一项基础性工作加以重视。尤其管理人员是高校发展理念的制定者，是生态文明教育的规划者和监督者，其生态文明意识在校内具有积极的示范和导向的作用。因此，农林院校管理人员的生态文明素质如何，是否重视生态文明教育，是做好生态文明实践育人工作的前提和保证。当前，农林院校管理人员对生态文明建设的本质和规律的认识还不够全面、深刻，没有建立起党委统一领导、党政齐抓共管、全校统一配合的生态文明实践育人领导体制和工作机制，也没有在培养方案、教学计划、教学过程和考核评价中有机融入生态文明实践育人。

二、生态文明实践育人的教育内容不全面

大学生将来都是各行各业的研究者、决策者和行动者，他们的生态意识和生态行为对未来生态环境问题的预防和解决都将产生重要影响。目前，农林院校已经开设了生态文明相关的课程，但教育内容多集中在较为单一的生态知识教育和生态危机教育上。生态知识教育侧重在教学和教育过程中对大学生进行生态知识的传授，生态危机教育则侧重通过生态破坏等现实事例及危害警示大学生对自然环境“不要做什么、要做什么”。

生态知识教育虽然使大学生积累了一定的生态知识，增强了大学生的环保技能且初步形成了环境保护的意识和观念，但由于缺乏道德情感的支

撑，没有使学生在其精神世界中接受环境情感的教化，导致环境道德观没有得到较好的树立，一旦离开学校环境，大学生先前接受的生态知识、环保观念很容易被冲击和弱化。

生态危机教育虽然通过现实事例及危害告诫大学生为了健康、为了生存，需要保护生态、保护环境，在一定程度上起到了警示和保护环境的作用。但深入剖析“危机教育”，它实质上是一种工具理性支配的利益选择。人类关心环境、保护环境的直接动机是环境问题造成了人类生存危机或对人们健康造成了损害，是不得不采取的行为，是对功利的一种取舍。由于生态破坏与保护人类利益呈现相对的“非直观性、非即时性、非直接性”的特点，使生态危机教育很难受到大学生的深入感知和行动参与。

这两种教育方式虽均在提高大学生生态文明意识和保护生态环境上取得了一定的成效，但是如果只有这两种教育内容，没有渗透足够的对环境的情感、态度、价值观及道德观，那么对大学生的教育实效是有限的。因此，大学生生态文明教育在内容上不仅要培养他们生态文明的相关知识、技能及行动、参与的意识和能力，还应注重培养他们的生态情感、态度及价值观，使大学生有能力思考人类经济社会发展过程中的可持续问题、环境决策问题以及对环境的批判性等问题。

三、生态文明实践育人的工作体系不系统

1. 生态文明实践育人课程设置不合理

一方面，当前生态文明教育既没有作为一门必修的课程来设置，也没有渗透到各门课程的教学中，更没有硬性纳入到思想政治理论课的教学体系中。

另一方面，生态文明理论教育与实践教育的结合不够，实践育人存在薄弱环节。一是相对理论教学而言，实践教学较为薄弱。农林院校现有的培养方案中的专业课程和单科性课程较多，理论课时过多，而培养大学生实践操作能力的专业实践课程过少，很多实践项目仅停留在认识状态，而没有上升到真正意义上的应用掌握。二是理论教学与实践教学存在内容脱节或者不同步的现象，训练大学生观察判断能力、解决问题能力的教学环节较少，大多是理论教学的简单验证，不利于大学生综合实验技能的培养。

三是实践教学内容安排单一，内容多年不变，前沿技术得不到及时更新和补充，大学生科研能力得不到足够的训练，致使大学生知识面狭窄，知识与能力结构存在缺陷。

2. 生态文明实践育人的形式不够有效

一方面，没有积极开展形式多样的生态文明教育活动，如生态文明文艺汇演、主题班会、演讲比赛、漫画评比、卡通制作、环境竞赛、角色扮演、野外观察等，忽略了学生的兴趣和体验，不能充分调动学生的主动参与和积极探究，影响了生态文明教育的质量。

另一方面，对生态文明实践育人的管理不够完善，即使根据教学大纲的要求开设了一些操作课、实验课，并安排了专业见习、专业实习、专业实践教学、实地考察，也多是流于形式。课外的社团活动、勤工俭学、假期社会实践、志愿者服务活动等重形式轻内容。

3. 生态文明实践育人的氛围不够浓厚

“绿色校园”是学校实施素质教育的重要载体，是环境教育的一种有效方式。它强调在实现学校基本教育功能的基础上，以可持续发展思想为指导，将环保意识和行动贯穿于学校的管理、教育、教学和建设的整体性活动中，充分利用学校内外的一切资源和机会全面提高师生环境素养。一些农林院校对绿色学校创建不够重视，校园文化缺少生态文化氛围，对生态文明实践育人的支撑不够，不利于生态文明研究的深化发展，也不利于生态文明教育的高质量开展。

四、生态文明实践育人的工作机制不完善

1. 生态文明实践育人的管理不够系统

一些农林院校对生态文明实践育人的顶层设计不够。学校的教学部门、学生工作部门、共青团组织各自为政、各成体系，不能真正实现同向同行。一是目前关于生态文明实践育人的课程实验、课程实习、毕业实习、科研训练和社会实践等教学环节缺乏有效的衔接与整合。二是生态文明实践育人有的由学科专业设计、有的由思政理论课设计、也有的由团学组织来设计，造成资源的浪费、时间的冲突、交叉重复的现象，不利于实践育人深入开展。三是生态文明教育融入课程思政、思政课程的针对性不够强，第

一课堂与其他课堂没有完全同步。

2. 生态文明实践育人的评价不够有效

21世纪的竞争是人才的竞争，高等教育的竞争主要体现在人才培养质量上。社会对人才生态文明素养的要求应该是制定生态文明实践育人评价标准的依据。如时代新人应具备哪些生态文明素养，各类素养的培养应采用哪些内容和形式，各类素养的培育主体或工作队伍如何构建，如何客观而科学地对培育工作进行评价和反馈，上述因素都直接影响生态文明实践育人的质量。

但是，当前生态文明实践育人的评价不够有效：

一是长期以来，大多数农林院校始终固守着传统的人才培养评价标准。在评价内容上，更多地关注大学生理论知识的掌握程度和识记水平，对大学生的学习过程与方法、探究精神与创新能力，与他人交流与合作等素养缺乏应有的重视；在评价方法上，更多地采用量化、终结性评价，缺少质性和过程性评价，评价内容僵化、死板，无法客观反映大学生的实际，同时，也缺乏科学的量化指标，评价结果的客观性、公正性和整体性不强；在评价结果上，反馈不够及时，对实践活动的组织开展不能及时提供针对性的指导，降低了评价的时效性，容易导致评价结果流于形式；在评价结果运用上，与师生成长没有科学挂钩，评价的导向性作用不强。

二是对于如何评价生态文明实践育人质量尚未形成科学的、能被广泛认可的评价机制。生态文明实践育人处于自我发展的“本能”环境中，导致了教育主体认识不平衡、实践教学与社会需求脱节、育人体制机制不健全等一系列问题。

五、生态文明实践育人的教育资源不充分

一方面，在“高校扩招”政策的影响之下，农林院校在校学生的数量剧增，使得原有的办学资源存量难以满足如此大规模学生的需求。场地、资金、仪器设备等硬件设施建设力度不够，如缺少学校的生态文明教育场馆、科普教育基地、劳动教育基地等。同时，在教学实践活动中，学时安排、师资力量投入等方面也非常有限。

另一方面，农林院校未能将课内外实践进行有效衔接。如政府部门、

企事业单位、基层社区等参与度不高；缺乏稳定、高质量、与学科专业特色相吻合的校外实践基地；上级政策、社会资金的帮扶力度不够；家庭生态文明教育的合力不够等。

此外，农林院校未能将线上线下实践进行科学设计。没有充分利用现代信息技术，深化生态文明实践育人的新途径新方法，如通过公众号推送、线上科普讲座、自然教育云课堂等，构建生态文明实践育人线上资源。如《全国环境宣传教育行动纲要（2016—2020年）》提到，环境宣传教育的现状与环保事业的快速发展还存在一定差距，对传统媒体和新兴媒体融合发展适应性不足，宣传教育手段创新突破不足。

六、生态文明实践育人的师资队伍不成熟

教育者是教育计划的执行者，因此，教育者的素质是教育成败的关键。当前从事生态文明实践育人的师资力量还不够成熟。

一方面，生态文明实践育人既涉及哲学、教育学、管理学、社会学等人文社会科学知识，又涉及生态学、环境科学、农学、林学等自然科学知识，因此，教师需要同时具备人文社会科学知识和自然科学知识两方面学科背景的综合素质，才有可能培养出具有生态文明素质、文理相通的高素质人才。当前从事生态文明教育的教师，往往只接受过自然科学或人文社会科学中某一方面的教育。在教学时往往局限于本专业的教育内容，而把生态文明知识和环保理念作为所教学科的内容延伸。再加上我国生态文明教育在快速发展中伴随着大量的新问题和新内容，但教师队伍的知识结构更新速度滞后于时代的快速发展，难以适应发展的需要。

另一方面，生态文明实践育人要求教师必须掌握与时俱进的教学技能。目前，农林院校有的老师实践教学的指导能力不强，缺少生产过程性与经验性知识和设计与指导实践课程的能力，在渗透生态文明教育内容时，只能照本宣科、生搬硬造，很难做到自然融合，难于获得预期教育效果。生态文明实践育人的师资水平急需提升提高。

七、生态文明实践育人的质量效果不均衡

虽然受教育程度对于人们的环境意识和环境行为有着明显的影响，且

在大多数情况下呈现出受教育程度越高，其环境意识和环境行为水平越高的特征。但是，当前大学生生态文明的危机感、使命感和责任感还不够强烈，对生态文明知识的掌握不够全面，生态文明的认识与行为脱节，对社会生态文明建设的引领示范还不够突出。

一是有的大学生对实践育人的认识不到位。有的大学生不愿从基层做起，缺乏吃苦耐劳的精神；有的大学生对实践能力的锻炼认识不高，将理论课作为学习重点，认为学业最为重要，参加实践活动浪费时间，影响正常的学习；有的大学生认为实践就是考各种证书、参加各种社团活动。

二是有的大学生对生态文明知识的掌握不全面。生态文明知识涉及生态学、环境学、伦理学、经济学等各个学科，绝大多数大学生仍局限于跟自身专业学习相关的知识范围，对生态文明安全教育、生态文明法治教育、生态文明审美教育等知识的掌握不全面，对生态文明建设的发展进程不了解，对经济发展与生态环境保护之间的矛盾不能深刻理解。

三是有的大学生生态文明行为还不够自觉。对生态文明建设的必要性、紧迫性、艰巨性认识不充分，比如垃圾分类、购物不使用塑料方便袋等行为是有益于环保的，乘坐公共交通工具、选用节能家电是有利于资源节约的，但是具体到个人身上，大都出于行为选择的成本和怕麻烦的思维惯性而选择各种非生态的行为方式。这在一定程度上反映出农林院校生态文明实践育人仍主要停留在生态文明理论和政策的宣传上，基于绿色生活方式和生产方式要求的生活化的生态文明教育还不够，缺少深入的情感体验。

第四节　生态文明视域下农林院校实践育人的问题成因

尽管党和国家对生态文明教育非常重视，将其视为生态文明建设的基础性、先导性、全局性工作。但是，从生态视域下农林院校实践育人来看，在思想认识、教育内容、工作体系、工作机制、教育资源、师资队伍、质量效果等方面仍然存在诸多现实问题，亟须找准问题根源，明确方向路径。

一、生态文明实践育人的投入不足

尽管国家一再强调要“始终坚持把教育摆在优先发展的位置”，要大力实施“科教兴国、人才强国”战略，但是，教育部公布2022年全国教育经费执行情况统计快报，全国教育经费总投入为61344亿元，比上年增长6%。其中国家财政性教育经费为48478亿元，比上年增长5.8%。国家财政性教育经费支出占GDP比例4%，与世界平均4.3%和经合组织国家平均4.9%的水平相比，还有一定差距。国家整体教育投入的不足必然造成生态文明教育的经费紧张，没有充足的教育经费，必然使各方面工作难以顺利开展。

地方政府与相关部门对生态文明教育的重视与投入就更加薄弱了。《全国环境宣传教育行动纲要（1996—2010年）》中提到，“有的地方对宣传教育在环保工作和整个宣传教育事业中的地位和作用认识不足，机构不健全、关系没理顺、投入不足等问题依然存在，不同程度影响着队伍的稳定，制约着宣传教育工作的深入开展。”[1] 为此，《全国环境宣传教育行动纲要（2011—2015年）》中特别强调，“各级政府要加大对环境宣传教育工作的资金投入力度，把环境宣传教育经费纳入年度财政预算予以保障。各级环保宣传教育部门要积极扩宽资金投入渠道，努力争取各级财政、发改委基础设施建设项目及各类专项资金的投入；要充分调动社会力量，拓展社会资源进入环保宣教的途径，多渠道增加社会融资。”

此外，大学生的父母和其他家庭成员更多地认为学校应当承担生态文明教育的全部职能，没有认识到生态文明实践育人的重要性和家庭成员支持的必要性，对农林院校开展生态文明实践育人存在不理解、不关心、不支持的心态和行为。

二、生态文明实践育人的保障不足

实践活动要想达到预期的目的必须有正确的理论指导。生态文明实践育人作为一项实践活动，只有在科学有效的理论指导下才能沿着正确的方向前进，从而实现培养大学生生态文明素养的教育目的。但是脱胎于环境教育与可持续发展教育的生态文明教育，目前并没有成熟的指导理论。从现有资料来看，生态文明教育的理论研究不够成熟，与之间接相关的专著

[1] 国家环境保护局办公室．环境保护文件选编（1996）［M］．北京：中国环境科学出版社，1998：283.

文献不多，还不能为教育实践提供行之有效的理论指导。

此外，农林院校生态文明实践育人缺乏必要的法律制度保障，没有构建起制度化、规范化和常态化的教育机制。法律法规具有强制性、规范性与导向性等功能，在推进教育事业的发展中起着至关重要的作用。尽管我国早已把保护环境作为我国的一项基本国策，为环境教育提供了法律依据和政策支撑，但是生态文明实践育人面临着新时代我国环境、资源与人口和发展之间的矛盾，关于环境教育的一些法律法规已经不适应当前的生态文明实践育人。缺少法律法规的规范与引导，在很大程度上影响了农林院校生态文明实践育人的健康发展。同时，生态文明教育作为一项各级政府主导的公益性教育工程，需要各级政府出台支持、鼓励其发展的政策和制度，特别是需要教育、环保与宣传部门对生态文明教育的顺利开展做好相关制度设计。农林院校生态文明实践育人存在诸多不足与地方政府在相关政策、制度方面的支持力度不够也有关。

三、生态文明实践育人的观念冲击

改革开放以来，我国经济社会环境正经历着深刻的变革，利益格局进行了重大变化和调整，各种社会思潮互相激荡和碰撞。市场经济的负面影响与某些西方消极价值观的蔓延对我国社会生态文明教育的健康发展有一定的负面作用。另外，在人们日常生活中长期形成的陈俗陋习以及各种“非生态”的行为方式对人们生态文明素质的提高也具有不同程度的负面影响。比如，长期以来，人们没有将人与自然看成是相互影响的平等关系，盲目追求经济效益，无视自然发展规律而肆无忌惮地掠夺自然资源，由此导致资源枯竭、生态失衡。直到可持续发展理念提出以后，才开始把自然当作保护的对象，然而，这种保护自然的意识却带有相对浓厚的应付、不情愿和功利主义的色彩，认为是因为环境问题影响了人类正常的生活，为了维护自己的生存和发展，迫不得已才开始对生态环境加以保护。这种生态保护意识尚未成为人类的一种伦理的、法律的和内心深处的理论自觉，以至于人们对于保护环境、节约资源、维护生态平衡的态度往往是“说起来重要、做起来次要，忙起来不要”，国家的生态文明教育政策在很多情况下是“写在纸上、贴在墙上、挂在网上”，真正落实为实际行动还不够。

与此同时，随着高等教育改革的深入，农林院校开放化办学的程度不断提高，学校与外界的联系愈加紧密，交流更为频繁。这虽然为农林院校引入了新的思想与观念，促进了资源共享和人才流通，增添了办学活力，提升人才培养社会适应性，但同时也把不良的社会风气带进了校园，对师生的思想产生一些负面影响，给生态文明实践育人带来了巨大的挑战。

四、生态文明实践育人的历史影响

生态文明教育是一项覆盖全体社会成员的社会系统工程，它涉及社会政治、经济、文化、法律等各方面，教育对象包括生活在我国境内的每一个人，而正确的生态文明意识的形成并非一朝一夕之功，同时，从意识到实际行动的外化也需要较长的时间。因此，生态文明教育自身发展的艰巨性注定生态文明实践育人的建设与完善是一个漫长的过程。

我国生态文明教育起步较晚，发展历史较短。从生态文明教育的发展历程不难发现，即使从环境教育在我国的发端算起，自 1972 年我国派代表团第一次参加联合国人类环境会议到现在为止，环境教育的历史也不过 50 余年，而正式提出生态文明教育要从 2002 年党的十六大提出建设“生态良好的文明社会”之后，也就 20 年左右的时间。生态文明实践育人需要大量的资源投入为其提供基础，需要完备的法律制度为其提供保障，需要深入的理论研究为其提供指导，而这些工作不可能在短时间内完成。

此外，生态文明实践育人的对象差异性大、实施难度较大，对于教育目标、教育内容和教育途径的选择不能一概而论、搞一刀切，必须针对各个群体的特点因地制宜、因材施教，只有这样才能使生态文明实践育人富有成效。

第五章　生态文明视域下农林院校实践育人的发展思路

世界的变化和我国的发展不仅为生态文明视域下农林院校实践育人带来新的发展机遇，也提出了更高的要求和新的挑战。农林院校要紧紧围绕“五位一体”总体布局和“四个全面”战略布局，认真落实党中央、国务院关于生态文明建设的部署要求，坚持问题导向，明确工作目标、工作原则和工作任务，推进生态文明实践育人高质量发展。

第一节　生态文明视域下农林院校实践育人的机遇挑战

一、国家发展成就创造的发展机遇

改革开放以来，我国经济社会发生了深刻的变化，经济总量进入世界前列，社会开放程度大大增强，各社会主体之间的合作交流更加密切。这些深刻变化在高等教育领域，具体表现为教育经费日趋丰裕、教学科研等基础设施不断完善、校企合作逐渐深入、政策扶持力度不断增强，这些都为农林院校生态文明实践育人创造了更为优越的环境，提供了新的发展机遇和平台。

（一）国家发展新成就提供了生动教材

党领导全国人民先后完成新民主主义革命、社会主义革命和建设的任务，使中国人民从站起来，到富起来，再到强起来，用100年左右的时间完成了西方发达国家300年左右的发展历程，创造了人类发展史上的奇迹，尤其改革开放使国家得到了快速发展，国际地位得到前所未有的提升，国家、民族和人民的面貌发生了前所未有的变化。国家发展取得的伟大成就，使科学社会主义在21世纪的中国焕发出强大的生机活力，在世界发展中起到了指明灯的作用，显现了中国特色社会主义的优越性。反之，那些参照西方模式的发展中国家党争分歧、战祸不断、社会动荡、流离失所，西方民主价值遭遇到重重危机，与中国道路的成功形成鲜明对比，引发了各国新一轮的反思和改革，西方一些政要和智库人士认为西方必须承认中国发展模式的科学性和影响力，越来越多的亚非拉国家认为中国模式具有某种复制性，能够为广大发展中国家提供新的借鉴，这为农林院校生态文明实践育人提供了鲜活的生动教材和丰富的精神营养。

（二）经济发展新趋势提供了广阔舞台

随着我国经济发展方式的转变，我国瞄准世界科技前沿，强化基础研究，加强应用基础研究；加快发展先进制造业，推动互联网、大数据、人工智能和实体经济的深度融合，支持传统产业优化升级，加快发展服务业，培育若干世界级先进制造业集群，鼓励更多的社会主体投身创新创业，大力建设知识型、技能型、创新型劳动者大军，着力培养造就一大批具有国际水平的科技人才和创新团队。同时，还通过实施乡村振兴战略、区域协调发展战略，不断激发全社会创造力和发展活力。未来经济发展的新趋势为农林院校生态文明实践育人提供了新的平台，大学生参与生态文明实践的方式也将更加丰富多样，这些可能出现的新变化，将充分调动大学生的积极性，吸引更多的大学生主动参与生态文明实践活动，优化自身综合素质，发挥自己所学所能，挖掘自身发展潜能，为生态文明建设贡献青春力量。

（三）社会发展新进程提供了无限机遇

社会现代化是现代化的一个重要领域，是国家现代化的重要组成部分。社会现代化是人们利用近、现代的科学技术，全面改造自己生存的物质条件和精神条件的过程。当前，我国社会现代化进程正在加快。

第一，人的社会化程度将更高。当前，随着全面深化改革的持续推进，人们逐渐从“单位人”向“社会人”转变，原有的体制归属感逐渐为开放多元的社会氛围所取代，这为农林院校生态文明实践育人打破了体制瓶颈，使农林院校生态文明实践活动的场域更为丰富。

第二，实体领域的实践活动更为密集，虚拟实践场地活动增多，人们的沟通交流形式更为多样，交互的方式也更加多元。虚拟领域成为大学生实践的重要场所，大众传媒和互联网在深刻影响着人们日常生活的同时，也成为大学生实践参与的重要活动领域。

第三，随着社会现代化的发展，要求在最广泛的社会基础上，使更多的社会成员参与对社会生产和社会生活的管理，发挥全体社会成员的主动性和创造性。在此情况下，政府和社会将组织更为开放、多元和包容的实践活动方式，提供更大的实践参与平台，满足大学生不断拓展活动领域、及时疏导解决新问题的需求。

第四，价值观念和生活方式的变革深化了农林院校生态文明实践育人的内涵。在现代化进程中，整个社会和全体社会成员生活方式和价值观念发生重大转变，生活方式将更加绿色、文明、健康，价值观念将更加积极向上、更富有进取精神，为生态文明实践育人奠定了坚实的基础。

（四）文化建设新成果提供了文化底蕴

文化自信是一个国家、一个民族发展中更基本、更深沉、更持久的力量，是国家和民族对自身所享赋和拥有的文化价值的充分自觉与肯定，是对其文化旺盛生命力所保持的坚定信心和发展希望。中国特色社会主义文化源于中华优秀传统文化，熔铸于革命文化和社会主义先进文化，植根于中国特色社会主义伟大实践。当前，党和国家将文化建设提到了一个前所未有的高度，国家将激发全民族文化创新创造活力，推动中华民族传统文化的创造性转化、创新性发展，不断促进社会主义文化繁荣兴盛，更好地构筑中国精神、中国价值、中国力量。在社会主义文化建设过程中，大学生将以更加自信的心态、更加宽广的胸怀，广泛参与世界文明对话，在国际舞台上展现中国独特的文化魅力、更加凸显文化自信，这为农林院校生态文明实践育人带来新的活力。

二、中华民族伟大复兴带来的工作挑战

立足新时代，党和国家把生态文明建设和环境保护摆上更加突出的位置，农林院校生态文明实践育人面临着新形势、新部署、新要求、新挑战，必须进一步增强责任感和使命感，应势而动，顺势而为。

（一）推进生态文明实践育人理论创新

第一，农林院校要组织开展生态文明理论研究。一方面，加强马克思主义环境伦理学、社会学、政治学等跨学科研究，深入研究和阐释生态文

明主流价值观的内涵和外延，挖掘中华传统文化中的生态文化资源，总结中国环境保护实践历程，推动中国特色的生态文化理论体系建设。另一方面，针对生态文明建设现实问题，加强自然科学研究。发挥地理学、生态学、大气科学、草学等多个学科优势资源，聚焦科研方向，坚持问题导向，开展“大生态”系统研究，协同推进降碳、减污、扩绿、增长，服务生态环境质量改善和美丽中国建设。

第二，农林院校要深入开展生态文明实践育人、生态文明教育研究。当前，广大学者对生态文明教育和高校实践育人进行了有益的探索，取得了丰富的研究成果，但是研究成果主要为现阶段国内高校的实证研究和经验介绍，对我国生态文明教育视域下农林院校实践育人的基本规律和基本经验研究较少，对推动当前工作、提高育人质量还缺乏有效的支撑，有待进一步研究相关理论、推动工作创新，为全面提高实践育人质量、推动生态文明建设提供参考和借鉴。

第三，农林院校要在理论研究基础上促进实践转化。针对新情况提出新措施，在落细、落小、落实上下工夫，提高生态文明实践育人的针对性和有效性，根据学校特点培养生态文明建设高水平人才。

第四，农林院校要为大学生实现创新想法、锻炼创新能力提供平台和机会。通过生态文明实践育人，让大学生根据自己的知识结构和认识水平，将自身的想法、思路和灵感等加以展现和实施，并能在创新实践中不断地得以检验和完善，实现理论与实践的统一，实现学习以往知识和探索未知真理的统一，从而达到激发大学生的创新欲望和创新潜力，调动大学生参与生态文明实践活动的积极性，提升大学生的创新能力，培养大学生创新精神。

（二）推进生态文明实践育人工作创新

第一，农林院校要加强农林院校环境类学科专业建设，加强环境类专业实践环节和教材开发力度，开设环境保护选修课，建设或选用环境保护在线开放课程。紧密结合第一课堂教学内容，充分发挥学科专业优势，积极融入课程思政元素，设计生态文明实践育人的内容，强化生态文明建设、碳达峰碳中和等相关领域的前沿热点，引导学生加深对专业课学习的认识，同时，立足专业更好地领会生态文明建设的要求。

第二，农林院校要积极支持大学生开展环保社会实践活动、环保志愿服务活动、环保公益活动。结合环境日、世界地球日、国际生物多样性日等重大环境纪念日主题，紧扣师生关注的雾霾、核电、化工、垃圾、辐射、水污染和土壤污染等热点、焦点问题，策划制作宣传挂图、宣传短片、公益广告、动漫和微电影，扩大覆盖面，提高影响力，不断提升生态文明实践育人的质量。通过实习实践活动，引导大学生关注环境科学与社会现象、经济发展、科技发展等互相影响特点，并将所学付诸实践，自觉宣传生态文明思想，带头抵制浪费，养成绿色健康的生活方式，推动形成生态文明建设的良好氛围，真正成为生态文明理念的传播者和生态文明建设的践行者为我国环境改善和生态文明建设作出实质贡献。

第三，农林院校要充分发挥社会各方的积极性和创造性，用好用足社会优质宣传资源，大力弘扬和宣传生态文明主流价值观，形成生态文明实践育人大格局。在社会层面，争取政府、企事业单位、乡镇、社区和社会组织的支持，大力推进湿地公园、植物园、图书馆、博物馆等生态文明基地建设，利用社会大课堂资源和功能，促进大学生更直观地感知生态文明教育知识，持续增强大学生的见识和责任担当意识，推动大学生生态文明教育走向长效化和系统化。在家庭层面，引导家长要在日常生活中率先垂范，以实际行动履行家庭的生态文明责任，做绿色家庭和家庭生态文明活动的引领者，筑牢大学生生态文明认知的情感基础，丰富生态文明教育内嵌于心的"生活"体验。

第四，农林院校要适应互联网环境下宣传教育方式的发展变化，增加生态文明实践育人的活力。运用新媒体作为生态文明教育的有益补充，及时更新、传播、反馈高校生态文明教育动态和效果，制作大学生乐于接受的宣传视频，营造生态文明教育的浓厚文化氛围。

（三）提高大学生生态文明责任意识

马克思指出，"作为确定的人，现实的人，你就有规定，就有使命，就有任务，至于你是否意识到这一点，那都是无所谓的。"[1] 人的本质决定了每个人必然会在各种复杂的社会关系中承担相应的社会责任。在社会中，个人必须对社会承担一定的责任，每个人都有人生责任。社会责任是人生

[1] 马克思恩格斯选集（第3卷）[M]. 北京：人民出版社，1995：329.

责任的核心和灵魂，包括认知、情感和态度三个方面，是个体对个人成长发展以及在人类社会中所需承担责任的主观意识，并对自己是否完成所承担的工作、是否符合道德要求和准则的一种体验。

人类社会性的特点决定了任何一名社会成员，要想获得生存和发展，实现自身的价值，就必然要同其他社会成员产生联系，并且通过自己的行为和能力满足其他社会成员的要求，承担起对其他社会成员的责任。因此，我们认为社会责任感是一个社会成员对其本人所在的国家、社会、集体和其他社会成员所承担的责任，以及对待责任的态度。作为一种社会道德情感，社会责任感应该包括知、情、意、行等四个方面的内容，是一个人内在的心理状态同外在行为表现的统一，是个人道德意识所承担的社会责任和需要的结合，是个人履行道德所获得的正面情感体验。社会责任感本质上是社会关系的产物，反映了社会与人的一种关系，一个人对社会责任感的认识、理解和态度以及一个人对社会和他人责任承担的情况，能反映一个人的社会责任感。大学生作为一个特殊的社会群体，大学生的社会责任感表征为在当前的经济社会发展过程中，对人类、社会、国家、民族和他人履行职责和承担义务的自觉情感体验。

加强对大学生的生态文明责任感教育是面对当前经济社会发展和日益激烈的国际竞争的需要，是农林院校培养高素质生态型人才的基本要求，是加强和改进大学生思想政治教育的基本内容。农林院校应围绕学习贯彻习近平生态文明思想、美丽中国建设、“两山”理念转化、助力“双碳”目标等设计主题和内容，紧密结合党和国家关于生态文明建设和环境保护工作的大政方针，通过生态文明实践育人，实现大学生社会责任认知、社会责任情感和社会责任行为教育的有机统一。

第二节　生态文明视域下农林院校实践育人的工作目标

目标是指在一定的条件和环境下，人们的行为活动所期望达到的结果。只有目标正确，才可能为生态文明实践育人确立正确的方向。生态文明视域下农林院校实践育人有着明确的价值导向和目标要求，其目标规定了生态文明实践育人的内容及其发展方向，是生态文明教育的出发点和归宿。

一、农林院校生态文明实践育人目标确立的依据

（一）人的全面发展的需要

党和国家一直把人的发展作为经济社会发展的重要内容和基本推动因素之一。“促进人的全面发展，同推进经济、政治、文化的发展和改善人民物质文化生活，是互为前提和基础的。人越全面发展，社会的物质文化财富就会创造得越多，人民的生活就越能得到改善，而物质文化条件越充分，又越能推进人的全面发展”[1]。促进大学生的全面发展是生态文明实践育人工作的本质要求之一。

生态文明实践育人是培养人的实践活动，必须适应个人发展的需要。确定生态文明实践育人目标，不仅要注重理论素养和观念、理想层面的要求，还要强调知行统一、行为践履层面的要求。此外，不同类别、不同层次的教育对象的思想状况是有差别的，这就要求农林院校在确定生态文明实践育人目标时，要充分考虑教育目标与受教育者思想状况之间的联系，充分考虑教育对象的可接受性，这样才能确定恰当的教育目标。

（二）经济社会发展的需要

人才是一个国家实现社会文明进步、人民生活富裕和国家繁荣昌盛的基本力量。随着知识经济和经济全球化发展的不断深入，人才在一个国家的经济社会发展和国际竞争中起着越来越重要的作用。当今世界各国的竞争，无论是科技实力、经济实力还是综合国力的竞争，归根结底都是人才的竞争，整体国民素质的竞争。农林院校生态文明实践育人要着眼于促进大学生掌握生态文明教育知识，增强大学生的见识和责任担当意识。

此外，生态文明实践育人是一种社会实践活动，必须适应社会发展的需要。面临全球气候多变、臭氧层破坏、生物多样性减少、资源紧缺、环境恶化等问题，要求农林院校师生在享用新鲜的空气、干净的水、安全的生活环境等生态权利的同时，承担起保护生态、爱护环境的义务，不仅要

---

[1] 江泽民．在庆祝中国共产党成立八十周年大会上的讲话［M］．北京：人民出版社，2001：44.

具备一定的生态文明素质和行为能力，更重要的是能在生产、生活中积极践行生态文明思想，做到尊重生命、绿色发展、适度消费等。

（三）高等农林教育发展的需要

教育是实现人类社会文明传承发展和社会进步的基本途径，是促进经济社会可持续发展的动力之源，是实现中华民族伟大复兴和中国特色社会主义事业进步的基石，是提高全体劳动者国民素质、促进人的全面发展的根本途径。立德树人是教育的根本任务。《中共中央　国务院关于进一步加强和改进大学生思想政治教育工作意见》指出，“学校教育要坚持育人为本、德育为先，把人才培养作为根本任务，把思想政治教育摆在首要位置。”农林院校生态文明实践育人要帮助大学生了解国情、了解社会，树立正确的世界观、人生观、价值观，提升他们的实践动手能力、创新思维能力等综合素质。

生态文明实践育人要面向新农业、新乡村、新农民、新生态，对接粮食安全、乡村振兴、生态文明等国家重大战略需求，聚焦粮食安全、生态文明、智慧农业、营养与健康、乡村发展等五大领域，培养急需紧缺农林人才和未来农业人才，服务农业农村现代化进程中的新产业新业态。

二、农林院校生态文明实践育人的社会目标

从社会目标来看，农林院校生态文明实践育人旨在通过对大学生进行人与自然、人与人、人与社会之间的和谐关系的教育，培养担当民族复兴大任的时代新人，进而实现人类在社会、经济、生态等方面的可持续发展。

其中，社会持续是指保障不同于动物生存的人类生活不断走向文明、健康、公正的康庄大道。在人类社会的发展过程中，社会发展的水平不仅体现在经济总量的大幅增长上，同时生态环境状况也是社会发展层次的重要方面，如果失去了人类赖以生存的环境条件，那么经济发展取得成就也将毫无意义。

经济持续是指经济的发展既能满足当代人的需求又要保障后代人的需求，经济是维持人类生存的基本方式，但只有适度性和效益性的经济才是整个人类持续生存的条件。在生产方式上，科学生态观积极探索低排放、低消耗、低投入、高产出的新型高效经济发展方式，彻底扭转原来那种高

排放、高污染、高耗能、低产出的陈旧落后经济增长方式，大力发展以低碳经济、循环经济为主体的绿色产业。在消费方式方面，科学生态观倡导合理消费、适度消费及绿色消费理念，认为应该尽量杜绝过度消费、超前消费、奢侈浪费以及各种以环境资源为代价的不良消费。

生态持续即切实保证整个生命支撑系统的平衡性、完整性，它不是手段，而是目的性价值。

三、农林院校生态文明实践育人的个人目标

从个人目标来看，农林院校生态文明实践育人旨在提高大学生的生态文明素质和相关行为能力，逐渐树立并自觉践行中国式现代化的生态观。

2023年2月7日，习近平总书记在学习贯彻党的二十大精神研讨班开班式上的重要讲话中明确指出，“中国式现代化蕴含的独特世界观、价值观、历史观、文明观、民主观、生态观等及其伟大实践，是对世界现代化理论和实践的重大创新。”

生态观是人类对生态问题的总的观点与认识。这些观点建立在生态科学所提供的基本概念、基本原理和基本规律的基础上，是在人类与全球自然生态系统的基本层次上进行哲学世界观的概括，是能够用以指导人类认识和改造自然的基本思想。

中国式现代化的生态观包括生态世界观、生态价值观、生态历史观、生态文明观、生态民主观、生态经济观、生态政治观、生态社会观和生态文化观等构成性要素，而且可以作出不同方法论与逻辑架构下的系统性阐述。强调坚持弘扬社会主义生态学，整体统筹推进“人与自然和谐共生的中国式现代化”和“中国式现代化的人与自然和谐共生”，以开放进取的全球视野建设美丽中国和清洁美丽世界。

具体来说，体现在推动大学生形成生态文明认知、培养生态文明情感、磨炼生态文明意志、树立生态文明信念和养成生态行为习惯等五个方面。

第一，形成生态文明认知。认知是指通过人的心理活动而获取知识。认知与情感、行为等相对存在，是情感和行为产生之基础。认知对行为习惯的养成具有导向作用，一个人在某方面的认知状况对其行为活动具有直

接影响。通常情况下，人们对象事物的认识越正确、越全面、越深刻，就越有助于将其转化为思想信念以及相应的行为。可见，认知是把一定社会的价值观念规范转化为社会成员日常行为习惯的基础和前提。

生态文明认知是指大学生对生态环境客观状况的认识，是有关生态环境的基本常识和人与自然关系的价值态度。当前，我国社会公众对生态文明知识与理念的知晓度并不高。据2013年国家环境保护部与中国环境文化促进会《全国生态文明意识调查研究报告》显示，公众对生态文明建设的知晓度仅为48.2％。

从内容上说，生态文明认知不仅包含了关于人类之外的生态环境的所有认知，也包括了人类自身及其与外部生态环境之间关系的认识，乃至包括人与人、人与社会相互关系的认识。从层次上看，生态文明认知不仅包含对生态现象的表面描述、深层原因以及规律的把握，而且涵盖人们对自然万物的价值性评价以及对人类行为方式恰当性的评价。在生态文明教育体系中，生态文明认知以其对生态环境的认识、对客观环境的直观反映，为生态文明情感提供现实的素材和依据，使生态文明情感有了现实的依托和基石；同时它又为生态文明行为提供行动的指南和方向，促使生态文明行为朝着生态环境的需要和社会发展的方向服务。

第二，培养生态文明情感。情感是人对客观事物是否满足自己的需要而产生的态度体验。一般说来，情感是伴随着人们的认识而产生和发展的，是一种非智力因素，是认识转化为行为的催化剂，对人的行为起着很大的调节作用。

生态文明情感是指大学生在现实生活中对自然万物、生态环境以及人与自然关系等方面表现出来的一种态度。生态文明情感在生态文明认知基础上形成，是对生态文明认知的深化和发展。通过生态文明情感，可以将外在的客观环境与内在的自我意识建立联系，培养大学生尊重自然、关爱自然、保护自然的生态文明情感，并使之逐步向日常行为习惯转化，促进生态行为的产生。

生态文明情感意味着在情感上对于大自然的一种深刻的依赖性，这些情感在认知达到一定程度后不需要借助于理论，就能自动地促使大学生去追寻自己同大自然的和谐统一。也正是这些情感，在促生大学生的生态意志，促使大学生更好地承担保护生态环境的法律义务和道德责任。同时，这些生态文明情感，还构成了大学生心理结构当中一个不同于认知和意志的维度，即审美的维度，也就是说，当大学生依靠上述情感来对待生态环境时，其实是在把它作为一个美的对象来进行欣赏。

第三，磨炼生态文明意志。意志，是人们为了达到某种目的而形成的一种心理状态，一般是指人们在实现某种理想目标或履行特定义务的过程中，积极排除障碍、克服困难的毅力。意志是产生特定行为的内在引擎，是体现主体认知程度、调节主体行为活动的精神力量。一个人良好行为习惯的形成，就是在其坚强意志力的作用下促使相应的行为反复出现并能够长期坚持。反之，倘若一个人意志力薄弱，其认识能够转化为行为习惯的可能性就很小，即使暂时可以对目标付诸行动，也不可能持之以恒。

生态文明意志不是与生俱来的，是需要教育引导和实践锻炼的。它是人们在具备生态文明认知和情感的基础上，在生产生活中自觉克服困难、排除障碍而践行生态、环保、节约等文明理念的毅力。生态文明意志的形成要以生态文明认知与生态文明情感为基础，当生态文明认知和情感发展到一定阶段，就会相互作用而形成生态文明意志，生态文明意志一旦形成总是牵动、引导内心的活动朝着好的方向采取实质性行动。

生态文明意志对于生态文明素质的提高和生态文明行为的养成具有关键性作用，是生态文明教育具体目标的进一步提升。这种意志能主动驱使大学生自觉承担保护生态环境的责任与义务的行动意识，大学生正是通过这个意志向自己发出承担保护生态环境责任的行动指令，进而付出保护生态环境的合理行动。它可以引导大学生在实际行动中要保护环境而不能破坏环境、要节约资源而不能浪费资源，要绿色消费而不能过度消费等，把生态保护的责任和义务落到实处。

第四，树立生态文明信念。信念是人们的心理发展过程在认知、情感、意志基础上的进一步深化，是人们自内心深处对某种理论或规范的正确性、科学性的虔诚信任。人们的某种认知，只有经过大脑的理性思维提升和人生经历的反复检验才能使之上升为信念，进而成为人们行为活动的指南。信念是连接人的思想认识和行为活动的桥梁和纽带。信念具有持久性、稳定性和综合性的特征，它在个人综合心理素质中处于核心位置，对个体在实践中的行为选择具有决定性作用。生态文明信念的形成是在认知、情感和意志基础上的自然升华，是指导生态文明行为的直接引擎，能够保证大学生的行为生态化具有持久性与稳定性。生态文明信念是大学生对人与自然和谐的生态价值、保护环境与维护地球生态平衡的责任意识的深刻认识与坚定信仰；是热爱地球、热爱自然、珍惜资源、珍爱生命的生态道德体现；是超越人类中心主义、生态中心主义，树立整体主义、和谐主义的生态发展理念。只有大学生在思想意识中对生态文明的知识理论与价值观念深信不疑，才能将这些理念切实贯彻到现实生活之中。

第五，养成生态行为习惯。行为是在认知、情感、意志及信念的调控下，主体主动按照思想信念中的道德规范与是非标准在行为选择上的实际表现。习惯性行为可以比较客观、综合、全面地展现一个人的思想素质情况，是人们知识水平及道德素养的综合表现和外在反映，是衡量个人道德品质与思想素质优劣的根本指标。同时，行为习惯又可以对个人认知的加深、情感的培养、意志的坚定及信念的固化起到积极的促进作用。

农林院校生态文明实践育人的最终目的就是使大学生养成良好的生态文明行为习惯。大学生对生态文明方面的认知、情感、意志和信念状况最终都要以行为习惯的方式来体现。生态文明习惯是一个复杂的心理过程，需要在相关认知的基础上滋生积极的情感体验，在情感升华的基础上形成坚强的意志，在持之以恒的意志力作用下固化成稳定持久、坚定的信念，有了关于生态文明的坚定信念，生态文明习惯才能够水到渠成、自然养成。

生态文明习惯就是指大学生不需要思考在日常生活中就能做到节水、节电、爱护花草、绿色出行、垃圾分类等，在想问题、办事情时能够不自觉地以对环境、资源、其他动植物乃至整个生态平衡的积极影响为出发点。在日常生活中养成节约资源、保护环境等良好习惯是大学生生态文明素质高低的最终表现和检验标准，是生态文明教育目标的最高层次。

当然，生态文明行为习惯的养成不能仅靠大学生的主观的努力来实现，还需要从客观方面，如制度规范、法律法规等方面促进大学生在现实生活中养成节能环保、爱护生态等良好习惯，并且保证其长期坚持。

第三节　生态文明视域下农林院校实践育人的工作原则

生态文明视域下农林院校实践育人要求从教育目标、教育主体、教育形式、教育阵地、教育机制上，做到坚持能力培养与品德锤炼相结合、坚持教师主导与学生主体相结合、坚持第一课堂与第二课堂相结合、坚持校内主动与校外联动相结合、坚持积极扶持与严格考核相结合的原则。

一、教育目标坚持能力培养与品德锤炼相结合

生态文明能力培养与品德锤炼是生态文明实践育人的目标。两者既有差别又相统一。

生态文明能力培养侧重于“能”，指的是培养大学生观察、认识、解决生态文明现实问题的专业技能和个人素质。人的全面发展，离不开人的能力的全面发展。生态文明实践育人应着眼于三种能力的培养：

一是认识生态文明问题的能力。生态文明实践作为大学生了解社会、认识社会的窗口，通过开展社会调查、假期社会实践等形式，帮助大学生搭建从学校走向社会的桥梁，进而更加明确自身成长需要，把生态文明建设与个人成长紧密结合起来，成长为国家和人民所需要的社会主义建设者和接班人。

二是生态文明创新实践的能力。生态文明实践是大学生创新能力培养的重要载体，大学生运用专业知识，实现理论与实践相结合。在生态文明实践育人中要注重培养大学生生态文明实践能力，激发学生创新思维，培养学生创新精神。

三是投身生态文明建设的能力。结合生态文明实践育人主题，组织大学生开展志愿服务、社会实践、专业实训等活动，引导他们参与生态文明建设的相关工作，培养他们投身生态文明建设的实践能力和身体素质。

生态文明品德锤炼侧重于“德”，指的是培养大学生积极向上、乐观进取的生态文明品格和公民道德。生态文明品德锤炼是生态文明实践育人题中应有之义。通过生态文明实践育人：

一是培养大学生的社会责任感。在组织大学生认识、解决生态文明现实问题的过程中，着力引导他们正确认识自身在生态文明建设中所承担的角色，培养他们的集体荣誉感、社会责任感和自身使命感。

二是培养大学生坚强卓越的意志品质。在大学生走向社会、走进实践的过程中，不可避免地遇到新问题、碰到新困难。大学生在克服困难和解决问题的过程中能培养自身不怕挫折的意志、顽强奋斗的品质和坚守胜利的信心。

三是培养大学生对劳动和劳动人民的感情。生态文明实践，是引导大学生认识劳动艰辛、珍惜劳动成果、培养对劳动和劳动人民感情最直接的形式，能发挥书本知识学习和理论说教所无法发挥的作用。

农林院校生态文明实践育人既要注重能力培养，又要做好品德锤炼。只有坚持能力培养与品德锤炼相结合，才符合人的全面发展的要求，才能淬炼大学生的生态文明价值观和实践能力。

二、教育主体坚持教师主导与学生主体相结合

教师和学生是生态文明实践育人工作中两大主体。从生态文明实践育人的角色划分角度来看，必须发挥教师的主导作用、坚持学生的主体地位，共同作用于学生成长成才这一目标。

生态文明实践育人是农林院校人才培养工作的有机组成部分，教师作为人才培养工作的主力军，在生态文明实践育人中起着主导作用。主要体现在三个方面：

一是教师保障生态文明实践育人工作方向。受认识局限性和个人主观性的影响，大学生在自我规划发展方向、自我检视发展需求等方面不可避免地存在一定缺陷和不足，这些缺陷和不足需要教师来协助大学生厘清个人发展需求，引导发展方向，纠正发展偏差，起到定向纠偏作用。

二是教师协调生态文明实践育人资源。学校作为办学主体，教师作为教育主体，能拥有和支配教学资源，联系和协调社会资源支持学生开展生态文明实践活动。

三是教师提供生态文明实践活动指导。实践活动离不开理论与实践相结合，离不开书本知识的应用。教师掌握着更加丰富的专业知识，更加全

面的理论基础，能有效指导学生开展生态文明实践活动，特别是在专业实习、社会调查等教学实践活动中，教师指导是保障生态文明实践活动效果不可或缺的因素。

大学生是农林院校生态文明实践育人的对象。在生态文明实践育人中应坚持以大学生为主体，充分调动和发挥大学生的主观能动性。实践育人归根到底是促进大学生的健康成长和全面发展。坚持大学生为主体，必须把握三个方面：

一是坚持以大学生的需求为生态文明实践育人的出发点。在策划实践活动、安排实践内容时，以大学生是否实际需要为工作的重要考量。

二是坚持在生态文明实践活动过程中尊重大学生自主选择，鼓励大学生发挥主观能动性。生态文明实践育人在本质上是教育活动，教育活动中必须充分调动大学生的参与积极性，赋予大学生一定的自主选择权，尊重大学生独立完成、主动完成的主体地位。

三是坚持以推动大学生健康成才、全面发展为实践育人的最终归宿。在评判实践活动效果、检验实践活动效益时，要以是否有效推动大学生成长成才为最基本的评判因素，根据在大学生成才中的贡献度来评价实践活动效果，积极探寻生态文明实践育人的优化措施。

农林院校生态文明实践育人要坚持教师主导和学生主体的协调统一，发挥好生态文明实践的育人功能。教师扮演好引导者、组织者、服务者角色，鼓励大学生扮演好参与者、学习者、评价者角色。教师的职责重在引导，为生态文明实践育人工作起到定向纠偏作用；重在组织，积极协调各方资源支持大学生投身实践；重在服务，及时响应大学生需求提供必要的指导协助。大学生的作用重在参与，深刻认识生态文明实践活动的重要性和必要性，积极投身到生态文明实践活动中；重在学习，认真总结思考生态文明实践活动收获，从生态文明实践活动中学习知识、增长才干；重在评价，科学评价生态文明实践育人成效，协助学校加强和改进生态文明实践育人工作。

三、教育形式坚持第一课堂与第二课堂相结合

第一课堂和第二课堂是生态文明实践育人的两大阵地。从农林院校人

才培养来看，第一课堂、第二课堂各有分工、各有侧重，共同承担着培育德智体美劳全面发展的大学生的使命。具体到生态文明实践育人工作，也应坚持第一课堂、第二课堂相结合，做到有机协作、协同育人。

第一课堂是依照学校既定的人才培养方案，在较为固定的空间环境内按照一定的教学大纲开展教学活动，是传统意义上的课堂教学。第一课堂是生态文明实践育人的主阵地，讲授内容、师生互动形式都较为规范。第一课堂在生态文明实践育人的重要作用主要体现在：

一方面，第一课堂开展生态文明教学实践、科技创新等实践活动具有先天优势。教学实践、科技创新等活动的知识基础来源于课堂教学；活动开展依赖于任课教师的指导；活动目的是促进大学生更好地学习和掌握第一课堂所学知识。因此，如果离开第一课堂的支撑开展生态文明实践育人，将直接影响育人效果。

另一方面，第一课堂拥有最为丰富的、能支持生态文明实践育人的资源禀赋。第一课堂是人才培养的主课堂，农林院校在课时设计、经费投入、师资力量配备、教学基础设施投入等资源分配方面都向第一课堂倾斜。开展生态文明实践育人工作，需要科学借助和高效利用第一课堂所拥有的丰富资源。

第二课堂是课堂教学以外的育人活动，是第一课堂的有效延伸、补充和发展。在人才培养工作中，第二课堂同样发挥着重要作用。生态文明实践育人应与第二课堂紧密结合：

首先，第二课堂所拥有的生动、主动等特性是生态文明实践育人功能实现所需的核心资源。相比第一课堂而言，第二课堂形式更加生动丰富、大学生主观能动性更加得到激发，这些特性与生态文明实践育人功能实现的本质诉求和关键资源紧密相关，大学生主动参与的积极性直接影响和决定生态文明实践育人的效果。

其次，有的第二课堂活动本身具有生态文明实践育人功能。以志愿服务活动为例，它是第二课堂的主要育人形式之一，也是农林院校思想政治教育工作的重要载体，在引导大学生服务社会、奉献他人的同时，实现锻炼自己、增长才干。

第一课堂与第二课堂有机结合，是做好农林院校生态文明实践育人工作的关键。第一课堂能规范生态文明实践育人形式，开展教学实践活动，提升大学生实践技能。第二课堂能激发大学生参与实践活动兴趣，组织开展形式多样、内容丰富的生态文明实践活动，直接为学生提供生态文明实践平台。

四、教育阵地坚持校内主动与校外联动相结合

校内与校外是生态文明实践育人的两个重要阵地。生态文明实践育人需要校内主动与校外联动相结合。校内主动就是要在生态文明实践育人中注重挖掘校内资源，积极开展生态文明实践育人活动。校外联动就是要积极联系校外资源，通过校企联合、校地联合等形式为大学生生态文明实践活动提供平台、政策、资金等，最终共同实现校内外协同育人。

校内主动是做好生态文明实践育人工作的前提。学校作为一个独立主体，承担着生态文明实践育人的组织管理职能，教师承担着生态文明实践育人的主导角色，大学生承担着生态文明实践育人的主体角色，这些要素都从属于校内子系统。要素的主动合作是维持系统良性运转，保障实践活动效果的基本前提：

一方面，农林院校和教师应充分认识生态文明实践育人的重要性，加强组织领导，投入必要的人力、物力、财力和政策倾斜来大力支持大学生开展生态文明实践活动。

另一方面，农林院校要主动收集大学生的发展需求，全面梳理自身能用于支持大学生开展生态文明实践活动的资源，激励大学生积极参与生态文明实践活动。

校外联动是做好生态文明实践育人工作的支撑。大学生实践成才所需的平台、政策等资源是农林院校不完全具有的，应加强与校外的联动：

一是实现政策联动，积极向各级政府部门反映大学生开展生态文明实践活动所需的政策支持，从加大财政投入、出台保障措施等方面，营造全社会共同支持大学生参与生态文明实践活动的政策环境。

二是实现平台联建。积极向企事业单位、社会组织反馈大学生生态文明实践平台需求，争取企事业单位、社会组织提供更多、更加契合大学生成才需要的生态文明实践平台和实践岗位来支持大学生开展生态文明实践

活动。

三是实现资源联动。农林院校要加大与政府、企事业单位、社会组织、乡镇、社区的沟通协作，设立大学生生态文明实践活动支持资金，加强大学生生态文明实践活动指导教师的培训力度，优化大学生生态文明实践活动的支持资源，强化大学生生态文明实践活动的条件保障。

农林院校生态文明实践育人要坚持校内主动与校外联动相结合，才能最大限度地开发生态文明实践育人资源，实现生态文明实践育人的资源协同。校内主动是校外联动的基础，校外联动是校内主动的支撑。只有实现了校内主动，才能为校外联动提供明确的联动方向，才能调动起校外联动的积极性。校外联动是校内主动的支撑，可以弥补校内的若干缺陷，为生态文明实践育人提供更丰富的政策、平台和资源支持。

五、教育机制坚持积极扶持与严格考核相结合

扶持和考核是生态文明实践育人的两个重要工作机制。扶持侧重于“拉”，是通过舆论宣传、政策保障、载体建设、资金投入等形式支持开展生态文明实践育人活动，为生态文明实践育人活动提供资源保障。考核侧重于“推”，是通过大学生体验性评价、教师指导性评价、学校综合性评价等形式，加强对生态文明实践育人主客体育人成效的考核，确保生态文明实践育人效果。

积极扶持是农林院校生态文明实践育人的前提。应做好三个方面的扶持投入：

一是强化舆论引导。对于生态文明实践育人，舆论宣传起着统一思想、凝聚力量、宣传发动、激励推动的作用。

二是加强载体建设。在校内外建设一批生态文明教育基地、教学实习基地、创新创业基地、社会实践基地、志愿服务基地等，规范基地运作模式，提升基地育人功能，为大学生开展生态文明实践活动提供平台和岗位。

三是加大资金投入。农林院校要设立生态文明实践育人专项经费，形成生态文明实践育人经费常态化增长机制。通过发动校友捐资、企业合作投资等方式，多渠道吸引生态文明实践育人的资金投入。

严格考核是生态文明实践育人的保障。科学合理的考核评价机制能发

挥导向、选拔、激励和预测功能，提升农林院校生态文明实践育人工作效果。应该把生态文明实践育人工作效果评价与大学生体验性评价、教师指导性评价、学校综合性评价结合起来：

一是把生态文明实践育人课程建设、实训基地、实践基地和实验室等教学基本设施建设，实践育人的实效等纳入学校办学水平考核评价指标，在办学水平评估中体现生态文明实践育人的目标导向。

二是建立以大学生综合素质和实践能力全面提高、个性特长和创新潜能作为大学生综合素质评价的一级指标，把参与教学实习、创新创业、志愿服务等生态文明实践活动情况作为二级指标，赋予相应的权重来进行评价。

三是将生态文明实践育人考核纳入教师业绩考核，将教师指导大学生开展生态文明实践教学、实习实训和社会实践活动情况作为教师工作业绩考核的重要组成部分。

农林院校生态文明实践育人要坚持积极扶持与严格考核相结合。其中，积极扶持是前提，严格考核是保障。只有从政策、资金、载体、舆论等方面加大扶持力度，才能为生态文明实践育人工作提供强有力的保障。只有建立好科学合理的考核评价机制，才能更好地引导生态文明实践育人工作方向、保障生态文明实践育人工作效果。

第四节　生态文明视域下农林院校实践育人的工作任务

农林院校要坚持传承与创新相融，让生态理念融入“三全育人”改革各领域和“十大育人”体系各环节，贯穿学校思政工作各方面和人才培养全过程，渗透校园每个角落，滋养师生心灵，涵育师生品行，促进绿色发展。

一、着力实施“生态课程”育人行动计划

第一，丰富思政课程的生态教育内容。强化思想政治理论课中生态文明建设理论的教育，在思政必修课中设置生态类专题内容，规定最低

学时数。在新生入学教育中融入生态文明思想，讲清生态育人的相关要求和方案，为激发学生生态意识、养成自觉践行生态行为的良好习惯奠定基础。加强青年学生生态德育，以爱国主义精神厚植新时代青年的家国情怀，以命运共同体理念滋养学生“胸怀国家、情系三农、兼济天下”的高远志向，以集体主义思想凝聚学生“团结共赢、包容并进、和谐共生”的价值观。

第二，挖掘课程思政的生态育人元素。根据学科专业特点分类推进课程思政建设，挖掘蕴含在教学内容中的生态教育内涵。成立课程思政研究中心，专门设置课程思政教改项目，协同推进课程思政建设，建立生态类课程思政素材库，将生态育人元素融入“课程育人大纲”，设置生态类专题内容，体现“育人有温度，润物细无声”，时时处处渗透生态教育。

第三，发挥课程课堂的生态育人功能。探索构建符合时代要求的生态课程体系，在人才培养方案中，设置生态类课程与相应学分。在一流课程体系中设置新生态系列课程，打造一批具有农林特色的金课。整合优势资源，组织编写生态类特色教材，通过线上线下教学的衔接与融合，要求每个学生至少修读一门生态类相关课程。

二、着力实施“生态文化”育人行动计划

第一，加强生态特色活动策划。聚焦目标，整合资源，繁荣发展生态特色文化，全力打造生态文化活动。学校层面集中力量办好大型精品生态文化活动，如开展生态领域名师大家进校园活动，每年邀请院士、知名学者、政府领导、行业高管和优秀校友等作专题报告，打造生态特色鲜明的高水平高质量讲堂，建设具有一定影响的生态文化交流平台，努力营造良好的生态文化学术氛围，增强师生的学术抱负和生态情怀。学院层面开展体现生态的学科专业特色的文化活动，避免内容同质化。加强与地方政府、公益性社会组织合作开展生态公益活动，增强文化传播辐射力，提升生态文化影响力。

第二，加强生态创意产品呈现。以文化为内涵，以生态为特色，加强竹文化、木文化、茶文化、农耕文化、森林文化等文化资源的挖掘，开展相关衍生创意文化产品的开发设计。建设若干生态文化创意工作室，探索

建立生态文创基地，激发文化创意活力，开发设计具有学校标识的校名产品。举办生态创意文化作品设计大赛，创作“优、精、特”的多层面、立体化、差异性生态特色文化产品。举行生态文化创意作品展等活动，多形式多维度多举措呈现创意作品，切实让生态文化“看得见，摸得着，感受得到”。注重生态文化输出，以“绿水青山就是金山银山”理念为引领，深化校内外合作，助推产教研融合，促进生态创意资源共建共享，为乡村振兴战略贡献智慧力量。

第三，加强生态文化品牌建设。深化全国高校校园文化建设优秀成果的生态文化内涵，充分发挥生态文化品牌育人功能，以文化人以文育人，拓展新内涵，丰富新载体，不断传承创新生态文化育人精髓。学院立足学科专业特点和工作实际，结合“世界环境日”“世界地球日”“世界森林日”和植树节等节庆日、纪念日以及“二十四节气”等传统文化，精心打造生态类“一院一品”党建、文化育人品牌。

三、着力实施“生态环境”育人行动计划

第一，建设环境优美的绿色校园。坚持生态建设理念，持续建好“两园合一”绿色校园，建设若干个“生态花苑”，不断优化生态育人环境。深化数字植物园建设，师生共同建设“掌上植物园”，鼓励学生积极参与管理，增强主人翁意识和生态意识。深入开展爱绿、植绿、护绿“三绿”行动，精心策划“辨认植物五十种，生态科普全覆盖”绿色专题活动。开展生态知识竞赛，设立“植物达人”排行榜，让师生广泛参与到能识别校园常见植物的行动中来，擦亮农林大学的生态名片。挖掘植物精神和文化寓意，讲好植物故事，上好自然课堂，传播植物科学知识，传递尊重自然、人与自然和谐共生的价值意蕴。争创全国绿色学校，发挥教育引领优势，厚植学校绿色底蕴。

第二，打造风格独特的文化景观。坚持“自然景观与人文历史相融”原则，打造生态长廊、人文长廊，深入挖掘生态、人文走廊育人元素，强化文化呈现，做好沿线景观文化作品设计与展示。精心打造校园文化景观，深入挖掘校园文化景观的历史价值和文化内涵，讲好校园文化景观的故事，不断发挥文化景观潜移默化的隐性育人功能，传承农林精神，弘扬生态文

化。继续优化学校标识系统建设，推进校园主要建筑物和道路命名工作，彰显生态文化魅力，凸显生态育人特色。

第三，构建协同开放的教育基地。依托相关学科，建好国家生态文明教育基地、汉语国际推广茶文化传播基地、国家级实验教学示范中心、国家级大学生校外实践教育基地、全国自然教育学校（基地）等，完善农林碳汇馆、竹木科技馆、森林文化馆、农作园、百草园等一批生态育人场馆场所。发挥教育基地的示范辐射作用，面向全社会开展生态文明教育，结合生态校园开放日，组织开展中小学生主题游学、“自然教育”夏令营等活动，弘扬生态文化，传播生态文明。

四、着力实施“生态研究”育人行动计划

第一，加强生态文明理论研究与创新。以习近平生态文明思想为引领，加强生态文明理论研究与创新。建设基于生态文明研究的多学科交叉融合的学术研究团队，设立“生态育人”思政专项研究课题，鼓励党政干部、管理人员、专任教师等协同开展生态创业、生态伦理、生态美育等领域研究和生态主题调研。鼓励研究生、本科生开展生态领域科学研究，创新“碳中和”等主题环保活动。加强理论研究成果转化推广。

第二，加强生态教育资源建设与利用。完善珍贵木材标本库、动物标本室、植物标本室、中药标本室、土壤标本室、种子标本室等特色馆室的生态资源建设。整合优势资源，优化提升乡村振兴纪实馆、农林生态馆、生态博物馆。鼓励师生开展“互联网＋”大学生创新创业大赛、“挑战杯”大学生系列科技学术竞赛、大学生职业生涯规划大赛等竞赛活动和生态科技创新，参与生态领域学科竞赛，引导师生关注生态问题，培养生态意识、创新意识、团队精神和实践能力，扩大社会影响。

第三，加强生态科普精品创作与推广。与中国林学会、中国生态学会、中国绿色碳汇基金会等生态领域学会组织加强合作，争取资源。倡导自然科学和社会科学结合，发挥不同学科优势，引导师生投身生态科普创作，鼓励科研成果转化为科普作品。依托相关学科专业力量，打造一支由生态科技专家、生态文化研究学者领衔的科普团队，推动生态系列科普读物研究创作。密切结合全国科技活动周等活动，大力推进原创性优秀科普作品

的宣传推广。

五、着力实施“生态实践”育人行动计划

第一，规范“文明公约”生态行为。引导师生自觉践行文明行为规范、生态文明公约等，规范师生生态文明行为。争创全国文明校园，深入开展“讲文明、树新风”主题教育，发挥党员先锋模范作用，推进文明办公室、文明寝室、文明教室、文明实验室（学习室）等创建活动，倡议师生树立生态意识，提升生态文明素养。

第二，树立“绿色节约”生态新风。弘扬中华优秀传统文化，提倡“厉行节约、反对浪费”校园风尚，倡议师生践行“光盘行动”，广泛组织节粮节水节电节纸等节约活动，开展“生态节能寝室”评选，引导师生争做绿色节约的先行者和示范者。实施屋顶光伏发电节能改造项目，建设室外智能路灯控制系统，促进节能减排和环境保护，建设节约型校园。扎实推进垃圾分类、低碳出行等工作，开展校园“生态迷你马拉松”比赛，倡导文明风尚，让践行生态文明内化为精神追求，外化为自觉行动，让绿色生活方式蔚然成风，让“绿色节约”成为农林大学师生的生态标签。

第三，塑造“阳光善美”生态人格。丰富生态实践内容，创新生态实践形式，拓宽生态育人途径，有机结合第一、第二、第三课堂，广泛开展劳动教育等活动和“生态育人”实践项目，组织实施校内外实践基地和生态类实训实习项目。构建教育教学、实践活动、咨询服务、预防干预、平台保障“五位一体”的心理健康教育工作格局，塑造师生阳光心态。支持发展大学生生态类社团，组建大学生态志愿者联盟，建设生态类志愿服务精品项目。引导师生树立科学的生态发展观、正确的生态伦理观和积极的生态实践观，培育师生求真之心、向善之情和尚美之意，塑造“阳光善美”的生态人格，聚力践行生态文明。

第六章　生态文明视域下农林院校实践育人的创新路径

针对当前农林院校生态文明实践育人存在的问题，要突出科学性，强化生态文明实践育人理念；突出时代性，丰富生态文明实践育人内容；突出系统性，完善生态文明实践育人体系；突出协同性，优化生态文明实践育人机制；突出开放性，拓展生态文明实践育人资源；突出融合性，建强生态文明教育师资队伍；突出主动性，激发学生投身生态文明实践。

第一节　突出科学性，强化生态文明实践育人理念

生态文明视域下农林院校实践育人要树立科学的理念，根据育人环境、育人目的、育人主体的变化进行动态调整，及时对运行过程中出现的矛盾、冲突作出回应，不断提升育人质量。

一、强化生态文明实践育人的思想认识

实践的观点是马克思主义哲学首要的和基本的观点，是马克思主义的根本特征。农林院校生态文明实践育人具有重要的时代价值和教育意义，要以生态文明建设为导向，坚持以人为本，明确生态文明教育目标，修订人才培养方案，构建课程设置体系，加强生态文明实践，提高人才培养质量。当前，教育主管部门、农林院校管理人员、广大教师对生态文明教育重要性的认识不平衡，影响了生态文明实践育人的开展。因此，生态文明视域下农林院校实践育人质量提升首先要强化教育主管部门、农林院校管理人员、广大教师的思想认识。

（一）教育主管部门要强化指导

教育主管部门是农林院校生态文明实践育人的领导者，直接影响着农

林院校生态文明教育的实施与成效。

第一，要构建新时代中国特色社会主义生态文明教育法律体系，强力推动我国生态文明教育走向法治化轨道。

第二，教育主管部门要围绕生态文明教育的现状及对策开展调研，及时掌握当前生态文明教育现状、特点和问题、农林院校师生和广大民众对生态文明教育的认识、需求。教育主管部门要积极调动农林院校围绕生态文明实践育人建言献策，提供政策建议。

第三，教育主管部门要通过生态文明教育的计划制订、考核评价、经验交流等，确保各项工作落到实处。

第四，要引导农林院校加强生态文明实践育人工作与研究，与地方政府共同营造良好的生态文明实践育人氛围。

（二）农林院校管理人员要强化担当

管理人员是农林院校生态文明实践育人的组织者，要结合学校实际，强化生态文明实践育人的开展，凝练生态文明实践育人的特色。

第一，要加强顶层设计，制定出适合本校生态文明实践育人的实施纲要与具体举措，优化体制机制，协调好相关职能部门、教学单位、群团组织、学生组织等有效推动生态文明实践育人的实施工作。

第二，要配强生态文明实践育人的师资队伍，同时，加强组织培训，让广大教师认识到开展生态文明实践育人的重要性和紧迫性，树立起生态文明教育的使命感与责任感。

第三，要通过制度设计，强化生态文明实践育人的责任落实，引导和激励广大教师主动投身生态文明实践育人，积极挖掘生态文明实践育人资源，开发生态文明实践育人的课程，转变教学方式，促进大学生全面发展。

第四，农林院校管理者要发动专家和学者开展生态文明教育理论研究，通过设置生态文明研究中心、举办专题论坛、研讨会等，积极营造学术氛围。

（三）农林院校广大教师要强化践行

广大教师是农林院校生态文明实践育人的执行者，关系到生态文明实践育人的质量。

第一，要结合学科特色和地方特色，有效设计与实施生态文明实践育

人，丰富教育形式，大力提高教育的水平。

第二，农林院校教育者要主动关注生态文明实践育人的重要问题，加大课题申报与研究，为生态文明实践育人提供建议与思路。

二、明确生态文明实践育人的培养目标

人才培养目标的确立是人才培养方案的核心，而教学计划、课程体系、实践环节等都是围绕着这一目标来制定的，所以，科学、合理的人才培养目标是优化人才培养方案的首要工作。生态文明实践育人的培养目标要遵循生态文明建设对高素质生态型人才的需求制定，包括知识、能力和素养三个方面。

（一）知识方面的目标

第一，适应新农科专业特点。农学学科门类专业是一个复杂且广泛的系统，涉及自然科学和人文社会科学，具有综合性特征。同时，农学学科门类专业又涉及生命科学领域，以生产农业产品为目的，具有实践性和应用性特征。因此，新农科培养的人才应当具备相关学科综合性、实践性和应用性的基础理论及基本知识。

第二，适应农林业产业需求。现代农林业尤其基于生物技术和信息技术的发展，对新农科人才的培养规格提出了新要求。新农科培养的人才应当具备适应高产、优质、高效的现代农林业需求的基础理论，掌握基于生物技术和信息技术的现代农林业生产、科技推广、产业开发、经营管理等方面的方针、政策及法律法规知识，以适应农林业的人才市场需求。

第三，适应农林业发展趋势。新农科呈现科技化、信息化、生态化、市场化和可持续的发展趋势。因此，新农科培养的人才应当具有实现农林业可持续发展的意识，能够紧跟专业的理论前沿、应用前景和发展动态，以适应农林业发展的趋势。

第四，适应生态文明建设需要。新农科培养的人才除应当具备农林业科学知识外，还应当具备文学、历史、哲学、生物伦理学、中国传统文化、艺术、法学、管理学、心理学等人文社会科学知识，以适应生态文明建设的需要。

（二）能力方面的目标

第一，具有应用专业知识的能力。能够综合运用所学专业的基础理论

和基本知识从事农林业生产、技术开发、管理、教育和推广等工作，具有就业和创业的能力。同时，具有运用所学专业知识进行科学研究的能力。

第二，具有获取专业知识的能力。具有良好的自学习惯和自学能力以及终身学习能力，掌握学科科技文献、资料、信息等的检索和分析方法及技术，能够独立获取学科新信息、新知识和新技术。

第三，具有应用综合知识的能力。具有较强的专业调查和分析能力，具有较好的口头与文字表达能力，能够传授专业科学技术知识和技能，能够明晰而准确地表达专业理论知识和操作技能以及学术观点。同时，为适应信息化和国际化的发展趋势，还应当具有计算机应用能力和较好的外语交流能力。

第四，具有实践创新的能力。应当具有专业创新的意识、思维和精神，能够运用专业基础理论、基本知识、综合性知识和工具性知识进行生产实践、科学实验、技术发明创造等实践创新活动，解决农林业生产和生态文明建设等方面的理论与实际问题。

（三）素质方面的目标

第一，要有良好的思想道德素质。拥护中国共产党领导，坚定社会主义信念，遵循社会主义核心价值体系，热爱祖国、热爱人民、遵纪守法、诚实守信、团结互助、艰苦奋斗、绿色低碳，具有正确的世界观、人生观和价值观。

第二，要有专业的职业素质。农林院校要结合学科门类专业的特点，培专业思维和视野，激励大学生的专业兴趣和职业理想，增强其从事农林业生产和生态文明建设的使命与责任。同时，自觉接受适应学科门类专业的科学思维训练，掌握科学研究方法，掌握农林业生产和生态文明建设的劳动基本技能，具有较好的专业素养和价值观念，具有良好的职业道德和敬业精神，具有严谨的治学理念、优良的学风以及协作奉献的精神，以促进农林业和生态文明建设的发展。

第三，要有健康的身心素质。农林业既是基础产业，又是艰苦行业，而生态文明建设是一项与每一位公民都息息相关的公益事业。农林院校培养的人才应当身心健康、体魄强健、意志坚强，达到大学生体育锻炼合格标准，具有良好的审养情趣、心理素质及生活习惯，以适应农林业生产和

生态文明建设的需要。

三、营造生态文明实践育人的良好氛围

一方面，舆论宣传对内既是农林院校宣传思想工作的要求，也是做好农林院校思想政治教育工作、形成生态文明实践育人工作合力的有力保障。

另一方面，舆论宣传工作对外可以提高全社会对生态文明实践育人的思想认识，使生态文明实践育人成为社会、家庭、学校的共识并转化为自觉的行动，形成社会、学校和家庭合力重视、参与和支持生态文明实践育人工作的良好氛围，推动生态文明实践育人工作的有效落实。

（一）把握正确的舆论方向

随着全面推进改革开放步伐的加快，大量西方价值观念和文化思潮涌入中国，拜金主义、享乐主义、奢靡之风正在侵蚀着当代大学生，国际敌对势力从来就没有放弃过对青年一代的争夺。虽然开放包容的心态有利于广大民众形成自由平等的公民意识，但由于大学生处在人格尚未定型的时期，往往对新鲜事物不加分辨地予以接受，容易受到外来思潮的影响，不利于正确世界观、人生观、价值观的形成。高校作为面向青年大学生开展舆论宣传的主阵地，担负着贯彻落实党和国家的教育方针，为社会主义事业培养德智体美全面发展的接班人和建设者的历史重任，必须把正确的舆论导向作为舆论宣传工作的根本方向，主动适应新形势、分析新情况、用好新媒体，牢牢把握舆论宣传的主导权和主动权，凝聚更多共识，形成更大合力。

第一，在加强生态文明实践育人过程中，农林院校要坚持把习近平生态文明思想作为理论指引，深刻分析各种思想对于大学生成长和发展带来的巨大冲击，宣传党和国家的大政方针，引导广大学生树立“农林专业教育与生态文明实践相结合是成长成才的必由之路”的正确观念，让广大师生深入认识生态文明实践育人工作的重要意义和神圣职责，让政府部门认识到生态文明实践育人是保障和改善民生的重要内容，唱响生态文明实践育人的主旋律，产生让全社会都能关注和支持实践育人工作的强大正能量。

第二，也要畅通信息反馈渠道，积极关注和回复广大师生关心关切的问题，第一时间回应师生的关切，引导大学生树立正确的实践观，抵制不良观念的影响，积极向群众学习、向实践学习，促进自身的全面发展。

（二）充分运用大众化媒体舆论

媒体工具是舆论宣传重要的媒介与载体。大众化媒体包括平面媒体和网络媒体，具有覆盖面广、时效性强和信息量大等优势，是舆论宣传的重要载体。要充分运用大众传媒对生态文明实践育人活动和效果进行宣传报道，在全社会营造浓厚的生态文明实践育人氛围。

第一，注重利用报刊、广播、电视等传统媒体，对生态文明实践育人工作的重要意义、基本政策、活动内容和工作要求等进行广泛宣传，确保生态文明实践育人政策宣传入脑入心，推广生态文明实践育人的新经验、新做法和新思路，促进经验交流和成果共享，多角度宣传营造生态文明实践育人的良好氛围。

第二，积极发挥互联网，尤其微信、微博、QQ 群等新媒体技术的作用。以互联网为代表的新兴媒体信息量大、传播快、共享性强，成为广大民众表达观点、建言献策和沟通交流的重要工具。大学生是使用新媒体较多的群体，搜索引擎、咨询网络已越来越多地成为他们信息获取、传递和交流的主要途径。要利用新媒体超文本、超时空、交互性等特点，宣传生态文明实践育人政策、工作开展情况和先进典型事迹，有效增进农林院校教师与学生的有效互动，增进舆论宣传的实效性。

（三）选树和宣传实践育人的先进典型

先进典型宣传是能对人们的思想观念、实践行为等产生积极的、正面的示范和导向作用。大学生的身心特点也决定了先进典型的亲和力、感染力和带动力能引领和带动广大学生积极参与生态文明实践育人活动、促进大学生健康成长成才。生态文明实践育人先进典型是全社会特别是农林院校师生学习和效仿的榜样，能对生态文明实践育人工作发展起到推动、促进作用。选树和宣传生态文明实践育人的先进典型，把握贴近生态文明实践育人工作、贴近农林院校师生实际的原则，从大学生的日常学习、工作、生活中培育和树立生态文明实践育人的先进典型。

第一，从选、培、树、导、护五个环节做好相关工作，做到早发现、早培育，充分挖掘和宣传先进典型的优秀事迹。

第二，发现好苗子后应该大力培育、悉心指导，帮助其健康成长为参

天大树。

第三，把握时机，扩大宣传，激励广大教师参与生态文明实践育人工作的主动性和创造性，激发大学生积极参与生态文明实践活动的主体性和积极性。

如 2013 年 12 月，习近平总书记给华中农业大学“本禹志愿服务队”回信，勉励青年志愿者以青春梦想，用实际行动为实现中国梦作出新的更大贡献。

2023 年 5 月，习近平总书记给中国农业大学科技小院的同学们回信，希望同学们志存高远、脚踏实地，把课堂学习和乡村实践紧密结合起来，厚植爱农情怀，练就兴农本领，在乡村振兴的大舞台上建功立业。这些先进典型激励了农林院校广大师生坚持服务国家战略、破解产业瓶颈、厚植爱农情怀，练就兴农本领，投身全面建设社会主义现代化国家的火热实践。

第二节　突出时代性，丰富生态文明实践育人内容

生态文明实践育人的内容对农林院校人才培养的知识结构、能力和素质具有积极的影响。农林院校生态文明实践育人的内容要与生态文明建设、科学技术发展、农林产业需求同步，与社会、产业、用人单位建立紧密的联系，确保增强大学生的生态文明素养和能力。

一、农林专业主题

农林院校基础教育课程实践内容要按照国家对农林院校人才培养的总体要求、人才培养的共性发展需求，以及农林院校基础教育知识要求，着重培养大学生的综合素质和农科相关基础知识。专业教育课程实践内容要满足社会对农科研究型人才、农林业推广应用型人才、农林业生产实践型人才和复合经营管理型人才的需要。根据 2022 年 8 月，教育部办公厅印发的《新农科人才培养引导性专业指南》，要坚持立德树人根本任务，聚焦乡村振兴、生态文明等国家重大战略，面向世界科技前沿、面向经济主战场、面向国家重大需求、面向人民生命健康，围绕粮食安全、生态文明、智慧

农业、营养与健康、乡村发展等五大领域，加快培养急需紧缺农林人才，提升服务国家重大战略需求和区域经济社会发展能力。其中，在生态文明领域有以下内容：

第一，生物质科学与工程。面向国家战略性新兴产业发展和农业绿色可持续发展，面向国家“碳达峰碳中和”目标重大战略决策需求，培养德智体美劳全面发展，具备生物质科学与工程这一新兴交叉学科相关基础理论和生物质工程专门技能，能够从事生物质降解与转化、生物质能源、生物质材料、生物基化学品、生物质资源管理和生物质工程技术，能在政府部门、新能源新材料和环保企业、工程咨询和设计单位、科研单位、高等院校等从事管理、教育、研究和开发工作的复合型人才。

第二，生态修复学。以服务国家生态文明建设和美丽中国建设为目标，面向国家“碳达峰碳中和”目标的重大战略需求，融合工、农、理、管理等多学科知识，培养德智体美劳全面发展，熟练掌握生态环境修复工程的科学理论、技术原理和工程设计方面的知识与专业技能，熟悉专业科学领域发展前沿，具有创新意识、国际视野、团队精神与终身学习能力，能够在农业、林草、湿地、环境、生态等生态环境修复领域从事研究、规划设计、开发、管理工作的复合型人才。

第三，国家公园建设与管理。围绕新农科建设“四新”理念，适应生态文明战略和美丽中国建设需求，培养具有高度社会责任感、良好科学人文素养、较强创新实践能力、广阔国际视野，熟悉国内外国家公园领域发展趋势、问题与对策，系统掌握林学、生态学、社会学等学科基础知识、基本理论和基本技能，具备解决国家公园建设管理瓶颈问题、推进乡村振兴和区域可持续发展、参与全球生态治理的能力，能够在国家公园建设和管理领域从事教育、科研、技术研发及管理等方面工作的跨学科复合型人才。

二、生态意识主题

生态文明意识是对存在的价值反映，是对生态和生态问题的一种价值取向和态度，它代表了人们对生态问题的能动性以及自身对此问题的觉悟程度，是解决人与自然的矛盾关系或者引导这种矛盾向着良性方面发展的价值要求。具体来说，生态文明意识教育包括生态忧患意识、生态责任意识和生态参与意识等内容。

第一，生态忧患意识。由于人的因素，使环境的构成或状态发生了变化，环境质量恶化扰乱和破坏了生态系统和人们正常的生产和生活，甚至发生“公害”事件。当前，我国是世界上环境污染最严重的国家之一。在这种严峻的形势面前，有的大学生却缺乏生态忧患意识，他们的价值观念、思维方式、行为习惯、生活方式和消费模式都不同程度地与生态文明的内在要求存在冲突和矛盾，尚未对生态环境在人类经济社会发展中的基础作用真正达成共识。

第二，生态责任意识。地球生态环境的命运与人类的命运紧密相关，人类的责任不是最大限度地按照人的意志去改变自然，而是学会最大限度地适应自然，最大限度地去维护地球生态系统的稳定、和谐与美丽。有的大学生还是存在浪费资源、污染环境等现象，如剩饭剩菜随意倒掉、晴天教室无人灯依然明亮、水龙头经常忘记关严或不关、废旧衣物不会循环利用、随手丢垃圾、随地吐痰、乱扔瓜果皮屑、随意践踏草坪等。甚至一些环境专业的学生没有把环境保护作为一项崇高的事业，缺乏使命感和热情。

第三，生态参与意识。环境保护工作是一项全民的事业，涉及每一个人的切身利益，也需要每一个人的积极参与。生态文明实践育人是“学中做”的教育，要求大学生在日常生活中，时时处处自觉地参与环境保护的各种活动，通过亲身经历来发展其对环境的意识、理解力和各种技能。有的大学生生态参与意识不强，在思想意识上认为环境保护应该是政府的责任，与自己的关系不大；或者对政府主管部门或执法部门的环保工作不满意，对环保工作缺少信心和参与的积极性；或者想去参与环境保护，但缺少平台和途径。

三、生态伦理主题

生态伦理是指人类文明在发展到某一特定阶段后，为寻求经济、社会和生态三者协调发展的新道路，人们意识到生态对于人类长期生存和发展的重要性，在处理人类活动和自然环境的关系过程中，为修复和改善遭到破坏的自然生态系统而重新建立的人类对待自然应当具备的态度以及应当遵循的行为规范。生态伦理教育包括生态道德观、生态发展观和生态科技观等内容。

第一，生态道德观。生态道德观是正确解决生态问题的认识前提。人类不能自以为是，目空一切，要尊重和承认自然所具有的独特价值。一个国家和地区能否尊重自然万物，正是衡量其道德进步与否的基本尺度，也是衡量人类文明发展水平的重要标准。生态环境不仅具有经济、审美等工具性价值，还具有其本身的内在价值。生态道德观教育的主要目的就是要促进大学生全面把握生态环境对人类生存和发展的重要作用，使大学生真正体会到生态环境对人类的多维价值，体会到爱护大自然就是爱护人类生存的家园，就是爱护人类长久生存发展的基本条件，从而激发大学生积极行动起来珍惜资源，保护生态环境。

第二，生态发展观。以生态道德为核心的新发展观注重人与自然关系的和谐性，注重生态环境与经济发展关系的协调性，注重经济发展速度与环境承受力之间的平衡性，注重开发与保护的平衡，注重物质生产与精神富足的平衡，体现了适度性、协调性和可持续性。任何国家的经济建设都要把生态道德作为底线标准，急功近利、不计后果和不惜代价的短期行为都是违背生态道德的行为。

第三，生态科技观。科技本身是一把双刃剑，适度地使用能为人类谋福利，而滥用则会给人类带来灾难。日新月异的科学技术给人类带来社会生活水平的急速提高、物质产品的极大丰富，但由于科技的大肆滥用也严重破坏生态环境，导致生态危机。生态科技观教育就是用生态道德来引导科技，以可持续发展的综合评价体系作为评价标准，推动人类社会的生产方式清洁化，消费方式绿色化，进而实现科学技术的生态化。在运用科技时，要树立正确的科技价值观，科学研究和技术应用要以保护自然、建设自然为前提，并能解决已经产生的生态问题，要有利于人与自然的和谐共处，最终要符合人类可持续发展的要求。

四、生态战略主题

生态战略是指国家基于生态文明建设所依赖的主客观条件及其发展变

化的规律性认识，全面规划、部署、指导生态文明建设，以有效地达成人与自然和谐共生。生态战略教育包括习近平生态文明思想、美丽中国建设、“双碳”目标等内容。

第一，习近平生态文明思想。深刻回答了为什么建设生态文明、建设什么样的生态文明、怎样建设生态文明的重大理论和实践问题，不仅有着清晰的逻辑脉络，更有着扎实和丰富的实践根基，是对马克思主义学说中人和自然关系理论的丰富与发展，是对中华优秀传统文化中生态文明思想的传承与发扬，是对我国新时代生态文明建设的理论升华和实践结晶，是党的十八大以来党在污染防治、应对气候灾害、与国际社会一道共同维护全人类良好生态环境等方面的治国理政方略。要引导大学生进一步深刻理解习近平生态文明思想的丰富内涵，深刻体会党治国理政取得的巨大成就，使大学生切身体会到良好的生态环境是最普惠的民生，是广大人民群众最热切的期盼。

第二，美丽中国建设。“美丽中国”是中国共产党第十八次全国代表大会提出的概念，强调把生态文明建设放在突出地位，融入经济建设、政治建设、文化建设、社会建设各方面和全过程。努力建设“美丽中国”，是推进生态文明建设的实质和本质特征，也是对中国式现代化建设提出的要求。美丽中国，是环境之美、时代之美、生活之美、社会之美、百姓之美的总和，是世界视野、国家高度和百姓感受的统一，是中国价值、中国目标和中国道路的统一。而建设美丽中国，核心就是要按照生态文明要求，通过生态、经济、政治、文化及社会“五位一体”的建设，实现人民对美好生活的追求，实现中华民族伟大复兴的中国梦。

第三，“双碳”目标。2020 年 9 月，我国在第七十五届联合国大会一般性辩论上宣布了中国力争 2030 年前二氧化碳排放达到峰值，努力争取 2060 年前实现碳中和。实现“双碳”目标，要以科学认识为先导、科技创新为根本、系统支撑为基础，积极响应国家号召，科学选择攻关目标，坚持不懈努力奋斗。2022 年 4 月，教育部印发《加强碳达峰碳中和高等教育人才培养体系建设工作方案》的通知，要求把习近平生态文明思想贯穿于高等教育人才培养体系全过程和各方面，要添加关于气候变化的原因、影响与应对措施方面的内容，提高大学生们的关注度。

五、生态安全主题

安全是人类生存最基本的需要之一，即人类个体或人类组织的生存免受威胁的状态。生态安全是在生态问题十分严重、生态风险不断出现的背景下提出来的新的安全观，又称为“绿色安全”或“环境安全”。生态安全教育包括生态安全的概念、生态安全的内容和生态安全的标准等。

第一，生态安全的概念。生态安全是国家安全的一个重要组成部分。生态安全是指一个国家或地区的生态环境资源状况能持续满足社会经济发展需要，社会经济发展不受或少受来自资源和生态环境的制约与威胁的状态。我国是一个发展中国家，也是一个环境问题较为严重的国家。

第二，生态安全的内容：

一是国土安全教育是最基本的安全。国土是生态文明建设的空间载体，国土安全关系到一个国家或地区的社会进步和经济发展乃至国家的政治安全、国防安全和人们的生存安全。我国是世界上水土流失最为严重的国家之一，全国水土流失面积达356万平方公里，占国土总面积的37.08%。因此，要按照人口资源环境相均衡、经济社会生态效益相统一的原则，整体谋划国土空间开发，科学布局生产空间、生活空间、生态空间，给自然留下更多修复空间。

二是水资源安全即水资源能可持续利用。我国是联合国认定的“水资源最为紧缺”的国家之一。我国水资源占世界水资源总量的8%，但人均水资源占有量却仅为世界平均水平的1/4。2015年4月，国务院印发《水污染防治行动计划》，提出“到2030年，力争全国水环境质量总体改善，水生态系统功能初步恢复。到20世纪中叶，生态环境质量全面改善，生态系统实现良性循环。”

三是大气安全教育。大气安全是指大气质量维持在受纳体可接受的水平或不对受纳体造成威胁和伤害的水平。大气圈是地球的重要圈层，它的良好状态对人和其他生命的生存有密切的关系。人类活动对大气产生了重大影响，比如汽车尾气、焚烧秸秆、工厂生产等产生烟雾、粉尘、有毒金属微粒等，改变了大气的成分和结构，损害了大气质量；排放硫氧化物、氮氧化物，导致大气酸化形成酸雨；排放温室气体导致地球增温，形成灾害性气候；排放氯氟烃化合物造成臭氧层破坏，威胁地球上的生命。

四是生物多样性安全教育。生物多样性包括遗传多样性、物种多样性和生态系统多样性。生物多样性提供了地球生命系统的基础，为人类提供食物、药品、工业原料等具体的产品，同时，通过能量固定、调节气候、稳定水文、保护土壤、储存和促进元素循环、维持进化过程、吸收和分解污染物质等生态服务。保证生物多样性安全就是保证地球生命系统基础的安全和人类生存的安全。我国是世界上生物物种最丰富的国家之一，但现在已经有4000～5000种高等植物处于濒危或接近濒危状态，占我国高等植物总数的5%～20%。经过确认的我国珍稀濒危重点保护动植物分别达258种和354种。在《濒危野生动植物物种和国际贸易公约》所列的640个物种中，我国占156个。同时，外来物种不断侵入我国，也威胁到我国生物物种的安全。

第三，生态安全的标准：

一是生产技术性的生态安全，具体指生产技术活动引起的环境污染和生态破坏，进而对人的健康带来危险、危害、干扰等有害影响。如盲目追求GDP而忽视企业带来的污染，加上环保监管不到位，很多地方就把污水直接灌溉农田，把矿渣、废弃物倒入农田，引起土地重金属污染等问题，造成毒大米、水污染、癌症村、雾霾天气等生态污染事件，严重影响了人类的生存安全。

二是社会政治性的生态安全，具体指人类社会性、政治性活动所引起的环境污染和生态破坏，对国家安全和国际和平造成的有害影响。如日本的核电站泄漏事故造成的跨国境污染，涉及全人类，尤其是亚洲太平洋地区国家的民众安全。

衡量生态安全的标准：①看生态系统是否健康。生态系统内的物质循环和能量流动是否处于正常状态；②看生态系统是否遭受不可逆转的破坏，污染破坏是否超出了生态系统的自净力；③看生物圈和食物链是否断圈、断链，一旦生物圈和食物链出现节点断裂，就会犹如多米诺骨牌效应，对生态安全造成灾难性后果。

六、生态法治主题

生态法治教育是帮助大学生充分认识到生态法治教育的重要性和必要

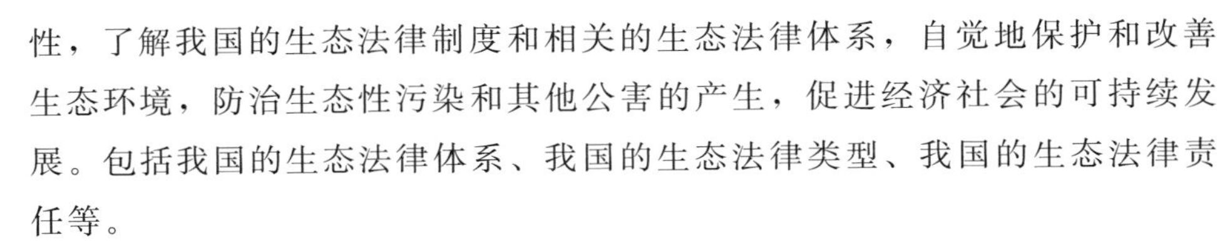

性，了解我国的生态法律制度和相关的生态法律体系，自觉地保护和改善生态环境，防治生态性污染和其他公害的产生，促进经济社会的可持续发展。包括我国的生态法律体系、我国的生态法律类型、我国的生态法律责任等。

第一，我国的生态法律体系。法律体系是一个国家整体的法律体系，由一个国家的全部现行法律规范分类组合为不同的法律部门而形成的有机联系的统一整体。部门法体系是按照一定的原则和标准划分的同类法律所组成的法律部门而构成的一个有机联系的整体。我国的生态保护法按其立法主体、法律效力的不同，分为宪法、环境保护法律、环境保护行政法规、环境保护地方性法规和政府规章、环境保护部门规章以及国际环境保护条约等构成的一个有机联系的整体。

第二，我国的生态法律类型。生态法律类型是指根据 2014 年修订的《中华人民共和国环境保护法》，从防治污染和资源保护内容方面而进行划分的具体法律。

一是保护自然环境与资源的法律法规，如《中华人民共和国自然保护区条例》《中华人民共和国森林法》《中华人民共和国草原法》《中华人民共和国土地管理法》《中华人民共和国节约能源法》《风景名胜区管理暂行条例》等。

二是保护农业生态环境的法律法规。我国形成了以《宪法》为基础支撑的有中国特色的农业生态环境保护法治体系，具体有《中华人民共和国农业法》《中华人民共和国水土保持法》《中华人民共和国土地管理法》《中华人民共和国渔业法》《农药管理条例》《农药安全使用规定》等。

三是保护大气环境的法律法规，如《中华人民共和国大气污染防治法》《大气污染防治行动计划》《大气污染防治行动计划实施情况考核办法（试行）》《汽车排气污染监督管理办法》《2014—2015 年节能减排低碳发展行动方案》等。

四是保护水环境的法律法规。包括《中华人民共和国环境保护法》《中华人民共和国海洋环境保护法》《中华人民共和国环境影响评价法》《中华人民共和国城乡规划法》《中华人民共和国水污染防治法》《中华人民共和国水土保持法》《中华人民共和国水法》《中华人民共和国防洪法》《中华人民共和国清洁生产促进法》《中华人民共和国固体废物污染环境防治法》《中华人民共和国森林法》等。

五是防治噪声污染的法律法规，如《中华人民共和国环境噪声污染防治条例》《工业企业噪声卫生标准》《城市区域环境噪声标准》等。

六是防治放射性污染法律法规，如《中华人民共和国放射性污染防治法》《放射环境管理办法》《城市放射性废物管理办法》《放射性药品管理办法》《医用放射性废物管理卫生防护标准》等。

第三，我国的生态法律责任。我国明确规定，对于那些严重污染环境，长期不改的，要停产治理，并追究领导责任，实行经济处罚，严重的给予法律制裁。根据违法者破坏生态环境程度的不同，违法者所承担的法律责任也不同，具体可分为行政责任、民事责任和刑事责任。如根据《最高人民法院关于审理走私刑事案件具体应用法律若干问题的解释》规定，走私珍贵动物、珍贵动物制品情节特别严重的处无期徒刑或者死刑，并处没收财产。

另外，还有我国的公民环境权利等。环境权利明确了公民在环境领域中享有的权利，使公民能有效地提出自己的权利主张，从而在环境利益失损时，获得有效的救济。公民享有的环境权包括享受舒适环境的权利，如通风权、采光权、洁净权、宁静权、观赏权等，和因环境污染遭受损害而要求赔偿监督的权利，如生命健康权、请求赔偿损失权、污染行为的检举控告权、民主管理权等。

七、生态消费主题

生态消费也称“绿色消费”“可持续消费”，是指一种以适度节制消费、避免或减少对环境的破坏、崇尚自然和保护生态等为特征的新型消费行为和过程。大学生的消费意识和消费方式反映出的生活态度和价值取向将引领整个社会潮流的走向。因此，对大学生进行生态消费教育十分重要。生态消费教育包括正确理解绿色消费的概念、正确树立正确的消费观、正确看待物质消费和精神消费关系等。

第一，正确理解绿色消费的概念。绿色消费是一种注重生命、健康、环保的崭新消费方式，引导大学生走可持续消费的道路。要避免绿色消费的认识误区，如不少大学生认为绿色消费就是吃天然食品、穿天然原料制成的服饰、用天然材料装饰房间、到没有人去过的地方旅游等；不少游客以为走进封闭的保护区就是“生态旅游”，但在旅游中随手扔垃圾、乱写乱画、摘花弄草、乱踩乱踏等。

第二，正确树立正确的消费观。随着社会生产力的不断发展，人们的生活条件也日益改善，容易形成“奢侈型”消费观、“虚荣型”消费观、“享受型”消费观等不正确的消费观。这些不健康的消费观导致大学生对物质和金钱的无限崇拜，忽视艰苦奋斗、勤俭节约精神的培养，造成资源浪费、环境污染和生态破坏。大学生要树立正确的消费观。一是选择消费绿色产品的观念。绿色产品包括回收利用型、低毒低害物质、低排放型、低噪声型、节水型、节能型、可生物降解型。二是要追求简朴的生活，反对奢华、炫耀、攀比消费的生活方式。三是要养成节约的习惯。注意节水、节电、节纸、少使用一次性制品、减少固体废弃物，生活用品在保持期内尽量重复使用，以免造成白色污染。正确处理生活中的废弃物，促进资源回收和再利用。

第三，正确看待物质消费和精神消费关系。物质消费是基础，精神消费是更高层次的追求。一旦基本的物质生活需要得到满足，精神消费就决定了人的生活质量。能否拥有充实的精神生活已成为现代社会衡量个体生活质量高低、发展水平是否全面的重要因素。大学生应正确看待物质消费和精神消费的关系，关注精神消费对于提高自身思想觉悟、道德修养、心理素质和审美情趣等的关键作用。

八、生态审美主题

生态美是自然的一种价值体现，是自然价值与人类精神价值的融会和沟通。其基本立足点是当代生态存在论审美观，所凭借的手段是生态系统中的关系之美，所借助的审美范畴是“共生性”“家园意识”与“诗意地栖居”，其性质是人体各感官直接介入的“参与美学”的教育。生态审美教育是人类进入生态文明时代而出现的一种审美教育的新形态，目的是用生态美学观教育大学生增强生态保护意识，养成基本的生态审美观念和必要的生态审美能力，形成以审美的态度对待自然、关爱生命和保护地球的审美生活方式，促进社会主义生态文明建设，实现人与自然和谐共生。生态审美教育包括自然生态美教育、社会生态美教育和艺术生态美教育等。

第一，自然生态美教育。自然生态美是自然生态系统所表现出来的美，是一种最原始、最生态、最直接、也最壮观的美。如崇山峻岭、高山流水、苍松翠柏、姹紫嫣红、浩瀚星河等，通过原始的状貌和生机勃勃的活力，让人感受到大自然的雄伟壮观与独特魅力，从而从内心深处激发起关爱自然、热爱环境、保护生态、建设家园的情感，自觉树立正确的生态行为准则，承担相应的环境保护责任。

第二，社会生态美教育。社会生态美是社会生态系统所体现出来的美，它广泛存在于人们生产生活的各个领域，体现为和谐有序的社会生活，反映了人们的生态审美理想。要构建社会生态美，就需要从衣、食、住、行等各方面都要培养正确的审美情趣，改变不合理的生活方式，节约自然资源，保护生态环境。

第三，艺术生态美教育。通过揭示生态问题、颂扬环保主题的文化艺术作品的欣赏和传播，帮助大学生提高素质，陶冶情操。只有热爱生命，尊重自然，追寻人与自然和谐，才能真正达到生态美的体验。

第三节　突出系统性，完善生态文明实践育人体系

《中共中央　国务院关于进一步加强和改进大学生思想政治教育的意见》中指出，“要认真组织大学生参加军政训练，利用好寒暑假，开展形式多样的社会实践活动。积极组织大学生参加社会调查、生产劳动、志愿服务、公益活动、科技发明和勤工助学等社会实践活动。重视社会实践基地建设，不断丰富社会实践的内容和形式，提高社会实践的质量和效果，使大学生在社会实践活动中受教育、长才干、作贡献，增强社会责任感。”生态文明视域下农林院校实践育人是一项系统工程，要强化整体设计和组织实施，搭建生态文明实践育人平台，创新生态文明实践育人形式，推进教学实践、主题实践、社会实践、志愿服务、创新创业实践、网络实践等一

体化建设，做实生态文明教学实践、做特生态文明主题实践、做精生态文明社会实践、做好生态文明志愿服务、做强生态文明创新创业实践和做新生态文明网络实践，构建主题鲜明、能力本位、贯穿全程、分类实施的生态文明实践育人体系，引导大学生树立正确的世界观、人生观和价值观，培养大学生投身生态文明建设的责任意识和创新精神，提高大学生的实践能力和综合素质，提升生态文明实践育人质量。

一、做实生态文明教学实践

认知实习、课程实习、专业实习、就业实习、综合实习等教学实践是与高校教学工作和大学生专业学习密切相关的实践活动，是教学工作的基本组成部分，是深化课堂教学的重要环节，是学生获取和掌握知识的重要途径，具有专业性、强制性、生成性等特征。《关于进一步加强高校实践育人工作的若干意见》指出，尽管不同层次、不同类型的高校教学实践活动的设置不尽相同，但都应该根据人才成长规律和教育基本规律，对于教学实践活动进行合理的安排。“确保人文社会科学类本科专业不少于总学分（学时）的15%、理工农医类本科专业不少于25%、高职高专类专业不少于50%，师范类学生教育实践不少于一个学期，专业学位硕士研究生不少于半年。”

农林院校生态文明教学实践要做实认知实习、课程实习、专业实习和就业实习。同时，从整体上创新教学实践，打造教育实践品牌。

第一，做实认知实习。要通过查阅资料、参观学习等形式的认知实习，帮助大学生通过实习的亲身体验与学习，对所学专业形成了整体认知，同时，拓宽专业视野、丰富专业知识、增强专业信心，树立专业认同感和职业责任感，为理论学习打下坚实的基础。

第二，做实课程实习。课程实习是针对某门课程教学开展的实践。如退化土地生态修复实习、水生态保护与修复实习、植被与大气环境治理实习、流域管理学实习、地质地貌学实习、国家公园监测实习、国家公园规划设计实验实习、大学物理实验、电工电子技术实验、农业装备虚拟仿真实验等课程实习，机械设计、嵌入式系统设计、无线传感与物联网设计等课程设计等。要通过课程实习，帮助大学生学好专业课程，提高相关课程涉及的专业技能，夯实专业基础。

第三，做实专业实习。专业实习一般是在学生已掌握较多的专业知识后开展的现场实习。如生物质科学与工程专业实习、土地资源调查评价综合实习、国家公园专业综合实习、智慧农业综合实习、智慧农业数据分析综合实践、智慧农业生产技术实践等。要通过专业实习，进一步帮助大学生融会贯通，形成系统的专业知识与能力，并结合相关领域的工作实践，提高自身的专业使命感、吃苦耐劳品质和专业素养。

第四，做实就业实习。就业实习是在学业的最后阶段设计的岗位实习，如相关专业生产实习与产品设计、毕业论文（毕业设计）等，是大学生由学生转为职场人的过渡。要通过就业实习，促进大学生了解行业发展情况、提升大学生的就业竞争力，实现高质量就业。

此外，要从整体上创新教学实践，打造教育实践品牌。如华中农业大学构建了“三田三早”实践育人模式。该模式以“科教融合、协同育人”理念为引领，以培养水平创新型人才为目标，通过在“种三田（池、场、园）”基地上的全过程农业生产周期实践实习和“三早”（早进实验室、早进课题、早进团队）科研训练，培养和提升学生实践动手能力和创新能力的农科人才培养模式。该模式包括“专业核心技能—综合实践能力—科技创新能力”三层次实践创新训练体系、“校内基地—科研平台—校外基地”三结合实践平台、“教—学—管”三维保障体系。从人才培养方案顶层设计入手，以“认知—实践—创新”为主线，将“三田三早”有机结合并贯穿人才培养全程。[1]

通过生态文明教学实践，一方面帮助大学生加深对生态文明领域相关理论的理解和体验，有效地巩固所学理论知识，进一步巩固专业知识学习的成果，实现学生对所学知识的融会贯通和综合运用，培养大学生理论联系实际的学习习惯。同时，进一步强化大学生专业技能和专业素质，增强自身对所学专业知识和理论知识的实践体会，进一步激发大学生对专业知识的热情，激发大学生的学习兴趣。另一方面，生态文明实践教学活动是

---

[1] 李崇光，邓秀新，等．农科专业“三田三早”实践育人模式的改革与实践［C］//新理念　新实践　华中农业大学“实践—创新—融合—提升”教育思想大讨论成果文集．北京：高等教育出版社，2013：225-231.

大学生发现问题、解决问题的过程，也是迎接困难、解决困难的过程，能激发大学生的创新意识和创新思维，锻炼大学生解决实际问题的实践能力，调动大学生参与科学研究的积极性，全面提升大学生综合素质。

二、做特生态文明主题实践

主题实践活动是大学生思想政治教育和高校人才培养工作的重要路径，通过组织大学生参与系列活动，实现对大学生教育引导和塑造熏陶的目的，具有针对性、灵活性、实践性等特点。《关于进一步加强高校实践育人工作的若干意见》规定，“要抓住重大活动、重大事件、重要节庆日等契机和暑假、寒假时期，紧密围绕一个主题、集中一个时段，广泛开展特色鲜明的主题实践活动。”

生态文明主题实践是围绕生态文明教育主题，通过实践活动的开展，将生态文明教育的目标和要求加以贯彻、强化，进而达到教育效果。农林院校生态文明主题实践要突出教育目标和教育对象的针对性、教育内容和教育形式的灵活性、活动设计和活动实施的实践性。

第一，要突出教育目标和教育对象的针对性。针对性强是主题实践活动的突出特点和基本特征，是主题实践活动在育人工作中最独特的优势之所在。农林院校生态文明主题实践要根据生态文明教育任务和农林院校大学生的特点选取特定的教育手段和途径，并进行针对性的情境设计和谋划，能最大程度地强化生态文明实践育人活动的效果。

一方面，作为组织者和实施者，农林院校要突出主题实践活动的生态文明主题。在充分把握基本规律的前提下，根据教育形势的基本情况和育人目标的基本要求，结合本单位开展生态文明实践育人工作的实际，选择针对性强、适应教育形势发展并能满足教育目标基本要求的主题实践活动，达到增强育人活动效果的目的。

另一方面，农林院校要充分考虑大学生的专业知识背景、学习阶段特征、年龄阶段特征、生理心理特点等情况，进行针对性的活动规划和设计，选择适合生态文明教育主题的、大学生乐于接受的方式，最大程度地实现生态文明主题实践的育人功能，从而能达到因地制宜、有的放矢的效果，增强工作的针对性和实效性。

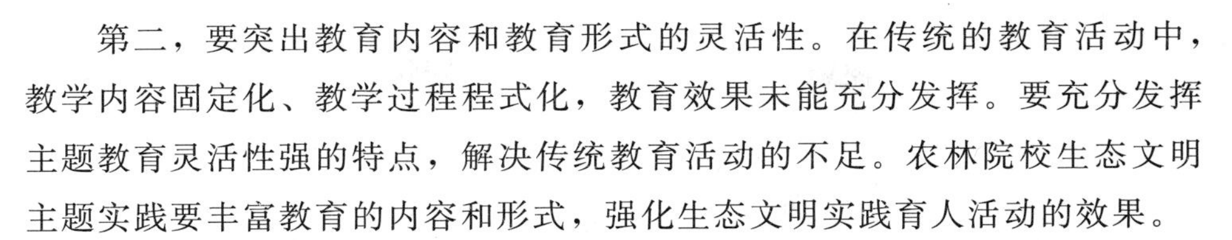

第二，要突出教育内容和教育形式的灵活性。在传统的教育活动中，教学内容固定化、教学过程程式化，教育效果未能充分发挥。要充分发挥主题教育灵活性强的特点，解决传统教育活动的不足。农林院校生态文明主题实践要丰富教育的内容和形式，强化生态文明实践育人活动的效果。

一方面，农林院校要围绕生态文明主题，根据不同阶段教育对象的特点以及社会的现实需求等，安排灵活多样、丰富多彩的教育内容，增强主题实践活动的吸引力。

另一方面，农林院校要结合不同时间段的具体任务，根据教育目标和教育对象的不同，创新生态文明主题实践活动的载体，丰富生态文明主题实践活动的形式，增强教育活动的效果。如邀请校内外专家学者开设关于生态、环境、文化以及人与自然方面等方面的生态环保专题讲座，向大学生传授环境、生态、资源等方面科学知识和价值理念，使大学生了解现实问题、关注社会发展，同时，培养大学生的生态文明意识，激发大学生保护环境、维护生态的热情。再如组织师生开展习近平生态文明思想主题宣讲活动，引导大学生深入开展学习贯彻习近平新时代中国特色社会主义思想主题教育，学习贯彻习近平生态文明思想，践行“绿水青山就是金山银山”理念，为助力国家生态文明建设，贡献智慧和力量。

第三，要突出活动设计和活动实施的实践性。实践是认识的来源，是理论积累的最终目标和检验手段，是大学生获得全面发展的基本途径。所有的主题实践活动最终都要通过实践的形式付诸实施，因而实践性是主题实践活动最主要的特征。

一方面，农林院校要围绕生态文明主题，设定教育目标，设计、提供一定的情景模式，通过大学生的参与，真正实现理论学习与实践参与的相统一，加强大学生对生态文明建设的深刻理解和感悟，引导大学生在实践锻炼中实现自我、发展自我，更好地发挥自己的聪明才智，运用相关的理论知识为社会服务。

另一方面，要加强整体谋划，提高生态文明主题实践的效果。如提前在全校开展宣传，让大学生知晓什么时间、什么地点、开展什么样的生态文明主题实践活动，提前为参加活动做好准备。在活动开展中，充分运用现代教育技术，如多媒体、投影仪、网络等，调动大学生参与的积极性与针对性，进而达到预期的教育效果。在活动开展后，及时复盘，结合大学生对活动的反馈，总结经验，改进提高。

三、做精生态文明社会实践

社会实践是一种认识社会的科学方法，具有综合性、实践性、自主性等特点。是大学生了解社会生活、获得正确认知的基本途径，也是大学生全面成长成才的重要途径，对于大学生各方面素质的提升有明显的促进作用。1982 年，团中央首次号召高校大学生在暑期奔赴广大农村开展“科技、文化、卫生”三下乡活动。1983 年，团中央、全国学联号召青年学生开展“一二·九”运动 48 周年纪念活动暨“社会实践活动周”，第一次提出“大学生社会实践”的概念。1984 年，团中央对高校大学生社会实践提出“受教育、长才干、做贡献”的要求，这一要求至今为止一直成为我国高校大学生社会实践的指导思想。1997 年，由中宣部、中央文明办、团中央、教育部、全国学联统一组织发起的大学生青年志愿者暑期“三下乡”社会实践活动正式开始，我国大学生暑期社会实践活动由此拉开大幕。

农林院校生态文明社会实践要突出正确的价值观念引导、社会责任感提升、良好学习习惯养成，带领大学生走出课堂、走出校园，观察生态文明建设的现状，分析生态文明建设存在的问题，发挥专业知识和技能，寻求推动生态文明建设的方法和途径，在社会课堂中受教育、长才干、作贡献，在观察实践中坚定不移听党话、跟党走。

第一，要突出正确的价值观念引导。农林大学大学生学习的方式主要以课堂学习为主，接受的思想政治教育也往往以课堂理论知识传授为主要途径。因为缺少对社会生活亲身的体验和感悟，思想政治教育的实效性不够。大学生在相关教师的指导下开展生态文明社会实践活动，一方面，通过亲近自然，如徜徉在田间草原，穿梭于山脉丛林等，能激发大学生对祖国大美河山的热爱之情，认识自己所在城市、地区的地形、植被、水文等自然条件；另一方面，通过走进农村、深入基层，能帮助大学生更加清楚地认识人类社会发展的规律和社会主义建设的规律，帮助大学生树立正确的世界观、人生观、价值观，坚定大学生在中国共产党领导下进行社会主义现代化建设，实现中华民族伟大复兴中国梦的理想信念。如组织引导青年学生深入基层一线，以习近平总书记对青年学生寄语、给青年学生回信精神、《习近平与大学生朋友们》等为主要内容，将理论学习与社会实践贯通起来，将深刻性和生动性统一起来，通过面对面、小范围、互动式宣讲，讲透创新理论、讲好发展成就、讲清形势任务、讲明发展前景。

第二，要突出社会责任感提升。农林院校组织大学生深入生产生活一线，参与生态文明建设，能帮助大学生更清楚地认识国情、党情、社情、民情，切身感受时代的脉搏，了解广大民众对生态文明建设的现实需求和迫切愿望，从而帮助大学生明确自身所肩负的时代责任和历史使命，激发大学生的责任意识和担当意识，提升大学生的社会责任感。通过生态文明社会实践活动，引导大学生牢固树立责任意识、成才意识，增强成长成才的紧迫感和使命感，在今后的学习生活中更加刻苦学习科学文化知识，努力增强自身服务他人、奉献社会的本领，以主人翁的姿态投身生态文明建设。如聚焦美丽中国建设和打好污染防治攻坚战，鼓励大学生深入乡村、社区进行生态文明志愿服务，开展“碳达峰、碳中和”科普宣讲、生态环境治理保护、生态环境社会监督、绿色低碳行为推广等活动，讲好美丽中国故事。

第三，要突出良好学习习惯养成。毛泽东同志早在20世纪30年代就提出了“没有调查，就没有发言权”的论断，“你对于某个问题没有调查，就停止你对于某个问题的发言权”“你对那个问题的现实情况和历史情况既然没有调查，不知底里，对于那个问题的发言便一定是瞎说一顿。”[1] 大学生通过参加生态文明社会实践活动，一方面能更好地理解、掌握所学知识；另一方面，能更加清楚地了解生态文明建设实情，更加辩证、客观地了解生态文明建设中存在的种种问题。帮助大学生认识到仅靠课堂学习不能获得的知识和能力，认清理论知识无法阐明的社会现实，要克服主观主义和经验主义的作风，培养勤于实践、善于思考的严谨科学态度，养成理论联系实际的学习习惯，提高深入学习的主动性和积极性。如引导大学生走进基层、走进群众，从地方经济社会发展特别是生态文明建设入手，开展课后服务、组织社会调查等活动，形成调查报告等实践成果，服务生态文明建设。

---

[1] 毛泽东选集（第1卷）[M]. 北京：人民出版社，1991：110.

四、做好生态文明志愿服务

志愿服务活动是志愿者不以获得报酬为目的参加的、服务社会奉献他人或者为促进经济社会发展进步的社会公益实践活动，具有社会性、公益性、自愿性等特点。它是高校人才培养的有效途径，能增强大学生的社会责任感，提升大学生专业素质和实践能力。我国的志愿服务工作源于20世纪90年代。1993年年底，共青团中央开始组织实施中国青年志愿者行动。当年12月，两万余名铁路青年以“青年志愿者”身份走上铁路，开展了以“为京广铁路沿线旅客送温暖”为主题的志愿服务活动，从而拉开了中国青年志愿者服务行动的大幕。自此以后，越来越多的大学生选择加入志愿服务活动，利用暑假时间深入人民群众生产生活一线，结合广大人民群众的需求实际开展形式多样的志愿服务活动，在积极奉献科学文化和青春智慧的同时，努力提升自身的综合素质。30年来，中国青年志愿者队伍不断壮大，志愿服务活动的活动内容、活动方式、活动范围也不断扩大，社会影响力显著增强。

随着资源短缺、环境污染等生态问题日趋严重和人们环保节能意识的增强，越来越多的有识之士加入生态环保志愿者的行列，在全社会广泛开展各种义务宣传活动，向社会公众宣扬绿色出行、低碳生活、爱护动物、善待自然等文明理念，为生态文明理念在全社会的传播与普及起到了积极的推动作用。生态环境部、中央文明办《关于推动生态环境志愿服务发展的指导意见》指出，志愿服务是新形势下构建现代环境治理体系、推进生态文明建设的重要抓手和有效途径，要大力发展生态环境志愿服务，推动生态环境志愿服务延伸到基层生态环境保护工作的方方面面。农林院校生态文明志愿服务要突出理想信念教育、思想道德教育、专业素质和实践能力提升、身心健康发展。

第一，要突出理想信念教育。2013年12月5日，适逢中国青年志愿者行动实施20周年，习近平总书记在给华中农业大学本禹志愿服务队的回信中说道，“（你们）积极加入青年志愿者队伍，走进西部，走进社区，走进农村，用知识和爱心热情服务需要帮助的困难群众，坚持高扬理想、脚踏实地、甘于奉献，在服务他人、奉献社会中收获了成长和进步，找到了青春方向和人生目标。”[1] 立足新时代，农林院校要紧密结合新时代文明实践中心建设，依托各类生态环境宣传教育平台，通过线上线下多种渠道，组织策划有影响、有声势、有效果的志愿宣传活动，大力宣传习近平生态文明思想。注重将习近平生态文明思想与广大民众关心的生态环境问题有机结合，深入推动生态文明进家庭、进社区、进学校、进企业、进机关、进乡村，让习近平生态文明思想更加深入人心。

第二，要突出思想道德教育。农林院校通过生态文明志愿服务活动的生动实践，培养大学生“奉献、友爱、互助、进步”的志愿精神，加强对大学生以爱国主义为核心的民族精神、以改革开放为核心的时代精神为主要内容的社会主义核心价值观教育，并在大学生不断参与志愿服务实践的过程中得到强化，从而内化为大学生的内在品格，提升大学生的思想道德素质。同时，在大学生身体力行节能环保时，也向社会进行生态文明理念宣传，倡导和践行保护生态环境、合理利用资源等文明理念，为社会形成良好的生态文明氛围树立了良好的榜样。如围绕减污降碳、污染防治、生态保护、气候变化、绿色发展、绿色低碳生活和消费方式转变等生态文明建设重点工作和公众关心的环境问题，采取组织重要环保纪念日活动、开展环保设施向公众开放工作、开设环保公益课堂、制作环保主题文化作品和宣传品、发起绿色倡议、举办圆桌对话、组织自然观察和体验活动等方式，开展宣传教育和科学普及，增强全社会生态文明意识，推动形成绿色生产生活方式。

第三，要突出专业素质和实践能力提升。大学生在参与生态文明志愿服务活动的过程中，将所学的专业技能与科学知识运用到生态文明建设实际中，能进一步加深对专业知识的学习和掌握，锻炼大学生运用知识解决实际问题的动手能力，并激发大学生学习专业知识的主动性和自觉性，以更加饱满的热情和更加负责任的态度投入到今后的学习生活中，进一步提高自己服务他人、奉献社会的本领。如在各个生态环境领域开展不同类型的绿色低碳实践活动，包括人居环境维护、绿化美化、自然保育、节能减排、资源循环利用等方面的活动，组织大学生参与绿色生活创建活动，综

---

[1] 习近平给华中农业大学“本禹志愿服务队”回信，勉励青年志愿者以青春梦想用实际行动为实现中国梦作出新的更大贡献［N］. 人民日报，2013－12－06（1）.

合考察周边经济环境与自然环境，切实了解经济增长和环境保护的关系，科学把握平衡点，借助已有知识分析出综合平衡发展权益的方案、对策。

第四，要突出身心健康发展。大学生走出课堂、走进社会生活现实，接受一线生产劳动的锻炼，接受社会生活的锻炼，强健自身体魄，磨炼自身坚韧不拔的意志品质，不断提升大学生的身体素质和抗压抗挫能力。同时，大学生在参加志愿服务的过程中，助人为乐、服务他人，能在服务他人的过程中不断实现自身的价值，能不断获得良好的情感体验和正面的心理暗示，培养大学生阳光、向上的心态，不断提升大学生的心理素质。此外，志愿服务活动对培养大学生解决问题的实践能力、勇于探索的创新精神，也具有十分重要的正面促进作用。

当然，生态文明志愿服务活动的开展需要国家相关部门，特别是生态环境部门、文明办、民政、教育、共青团、妇联及相关单位给予积极的鼓励、支持及正确的引导和管理，才能更大程度上发挥其教育意义。一方面，上级相关部门要制定支持生态文明志愿服务的政策规定，为其提供必要的安全保障和开展活动的基本条件。另一方面，相关部门应该根据当地生态环境工作实际和志愿服务需求，加强校校、校地、校院、校企多种形式合作，积极协调生态文明志愿服务的活动内容、活动方式和活动场所，以利于大学生更好地参与相关活动。此外，上级部门要规范和推行生态环境志愿服务的注册管理、服务记录、交流培训、激励保障等制度，保障大学生的合法权益，不断提高志愿服务组织的服务效能和管理水平。

五、做强生态文明创新创业实践

创新是人类特有的认识能力，也是人类特有的实践能力。它是人类主观能动性高级的外在表现，其本质是突破旧的思维定势，实现新发明、新创造和新描述。创新为创业提供了技术支撑和力量之源。“创业”一词从字面意为创立或创建基业、事业。创业教育的概念最早由联合国教科文组织于 1989 年提出。

20 世纪 80 年代，发达国家关于创新创业教育的理念开始传入我国，由此各高校陆续开始进行创新创业教育的实践和尝试。

1989 年，由团中央、科协、教育部和全国学联共同发起首届全国“挑

战杯”全国大学生科技学术竞赛在清华大学举行，活动受到了党和政府以及社会各界的高度重视和广泛关注。

1999年，团中央、科协、全国学联共同举办了全国第一届“挑战杯”大学生创业大赛，标志着创业教育开始成为全国高等学校人才培养和竞争的一个重要内容。在“挑战杯”系列大学生课外科技学术作品大赛和创业计划竞赛等官方大型创新创业活动的带动下，专业类和行业类创新创业活动赛事如雨后春笋般相继兴起。

长期以来，各类创新创业类活动的赛事吸引了数以百万计的大学生不断参与其中，有力地促进了大学生创新能力、实践能力培养和综合素质的提升，在高等学校人才培养工作中发挥了越来越重要的作用。从本质上来讲，创新创业实践是大学生根据社会发展和个人就业的需要，运用自身所学的专业知识和技能，创新性、创造性地运用、整合各种生产要素和社会资源，通过为社会提供符合社会需求的产品和服务，获得报酬和社会认可，进而实现个人社会价值的实践行为。

党和国家的创新创业政策为大学生的创新创业实践搭建了广阔平台，提供了坚实的条件保障。《关于进一步加强高校实践育人工作的若干意见》指出，“要加强大学生创新创业教育，支持学生开展研究性学习、创新性实验、创业计划和创业模拟活动。”农林院校生态文明创新创业活动包括研究性学习、创新型实验、创业计划和创业模拟活动以及创业实践等内容。

第一，要突出创新精神和实践能力培养。生态文明创新创业实践需要大学生打破传统习惯和思维定势，充分发挥自身敢想敢做的特点，创造性地运用所学理论知识进行大胆尝试，打破传统思维藩篱的束缚，进一步强化自身思维的敏捷性、灵活性和创造性，从而提升自身的创新能力，培养勇于探索、开拓进取的创新精神。同时，大学生在生态文明创新创业实践中，需要不断地将理论知识在实践中加以检验和完善，将新的想法、新的思维付诸实践和行动。实践过程中会遇到各种困难和阻力，通过解决困难和问题，能有效地锻炼大学生综合应对各种困难的承受能力和解决实际问题的动手实践能力。

第二，要突出综合素质提升。大学生在生态文明创新创业实践中，需要在所学理论知识的指导下开展各项工作，将理论知识在实践中进行检验和掌握，巩固专业知识和专业技能，提高自身综合运用专业知识解决实际问题的能力。同时，大学生在生态文明创新创业实践中，需要同来自不同生活背景、不同学科门类的团队成员进行相互配合和协作，需要团队成员相互支持、相互鼓励，为实现同一个目标共同努力，能很好地锻炼大学生的人际交往能力、组织协调能力，强化大学生的大局意识、集体意识、团队意识和奉献意识。此外，在生态文明创新创业实践中，大学生抗压能力、思辨能力、社会适应能力、意志品质等各种能力和素质都将得到强化和提升，从而全面提升大学生综合素质。

第三，要突出就业核心竞争力增强。随着我国高等教育规模的不断扩大，高等学校毕业生人数剧增。2003 年，我国高等学校毕业生人数突破 200 万，达到 212 万。2023 年，高校毕业生人数将达到 1158 万人。高等学校毕业生人数不断激增，社会对高等学校毕业生的用人需求却相对有限，适合大学生就业的有效就业岗位与大学生就业需求之间的缺口越来越大。大学生的就业问题日益突出，“史上最难就业季”的呼声一年高过一年。大学生通过参加生态文明创新创业实践，能很好地锻炼大学生的创新能力和实践能力，激发大学生的创新思维、创业激情和创造意识。经过创新创业活动和实践的锻炼，越来越多的大学生利用自身的年轻热情和智力优势，发挥高素质群体的积极性和创造性，积极投身创业实践，有效解决了部分大学生的就业问题，也为社会提供了就业岗位，帮助吸纳更多的毕业生就业，缓解整个社会的就业压力。

当然，生态文明创新创业实践的开展要创新活动形式。实践育人活动能否取得实效，关键在实践活动的内涵和质量，以及大学生参与活动的积极性和主动性。项目管理作为一种以项目为对象的管理方式，是被广泛应用并经实践证明了的有效管理模式。农林院校要将项目化管理引导到生态文明创新创业实践的组织工作中，采取招投标的形式推动实践活动的实施，强化大学生的自我管理、自我参与和自主创造，最大限度调动大学生的积极性和主动性，充分发挥大学生在实践活动中的主体作用。

一是根据生态文明主题发布相关的项目课程，大学生根据兴趣自愿选择、组队，通过调查研究、实验研究等方式深刻理解生态文明的意义，增

加大学生对生态文明的理解。如组织学生对本地区重要工业企业进行参观，有条件的情况下甚至可以对企业职工和周边居民进行调研、访谈，并且与野外研究相结合，分析企业的污染和资源利用情况，自主判断企业发展是否与地区环境条件相适应、企业运营行为是否符合相关法律和规章制度，建立环境责任感，成为环境监督者。

二是结合教师科研项目，择优选择与生态文明相关的课题。由课题组提供科研助理岗位，大学生进入课题组全程参与科研环节，培养团队精神、创新意识、实验技能。

三是以生态文明为主题举办项目比赛，进一步营造科研育人氛围，激励大学生投入到生态文明科技创新实践中，提高生态文明科研实验水平。

六、做新生态文明网络实践

近年来，移动通信技术的完善和普及赋予了新媒体改变人们交往方式、生活方式的强大力量，它催生着新的文化现象，从观念上震撼着人们的生活根基，昭示着一个新时代的到来。生态文明作为全球性话题早已在新兴媒介上得到广泛关注，对于社会主义的生态文明教育来讲，新媒体的运用是不可或缺的重要手段。

由于生态文明建设在我国起步较晚，生态文明理论研究也正处于发展和完善阶段，新媒体中对于社会主义生态文明建设的相关话题和讨论还都非常有限。在新媒体已经成为主要传播媒介的情况下，农林院校生态文明实践育人必须充分利用新兴媒介，突出虚拟媒介多种功能应用、覆盖范围扩大、线上线下相结合，通过网络实践对社会主义生态文明建设目标、价值理念进行生动宣传，建立起有理有据、信息量充足、覆盖面广泛的新媒体教育系统。

第一，突出虚拟媒介多种功能应用。虚拟媒介是新兴媒介的主要组成部分，在生态文明实践育人中使用虚拟媒介将会产生极强感染力。但从目前来看，虚拟信息传播仅限于文字和图片宣传，没有充分使用虚拟媒介的多种功能。生态文明实践育人重在体验，可以运用虚拟媒介真实呈现自然环境，甚至模拟出污染危害和理想环境状态，对于生态意识培养、生态道德教育都会起到很大促进作用。

第二，突出网络实践覆盖范围扩大。生态文明实践育人不仅要通过宣传栏、广播、电视、政府官网等工具进行传播，还应充分覆盖微博、微信、QQ等网络社交平台，大幅增加公众号的开发和维护，通过文章、视频、讨论等形式进行宣传，既可以迎合大学生们的交流娱乐习惯，又可以有效扩大传播范围，提高网络实践效果。

第三，突出线上线下相结合。生态文明实践育人要鼓励大学生充分发挥移动互联网和智能网络平台的作用，将线下积极开展与线上加强传播相结合，因地制宜采取“云组队”“云调研”“云访谈”“云直播”等开展“云实践”，利用新媒体平台创新推出“云课堂”“云展厅”“云展览”。注重将社会观察、知识积累、实践思考等成果转化为实实在在的建设性意见和举措，引导大学生实践出真知、实践长真才，把学习成效转化为奉献国家、服务生态文明建设的实际行动。

此外，要突出主题、彰显特色。任何思想教育都离不开价值观的指导，生态文明网络实践要以马克思主义为指导思想，以社会主义核心价值观为标尺进行设计，突出生态文明主题：

一是开展“生态意识”价值引领活动。如习近平生态文明思想线上学习宣传。农林院校要在校网、校官微、校团委网站、校团委官微等校内多渠道线上平台，开设习近平生态文明思想宣传专栏，大力宣传习近平生态文明思想，同时精选专题讲座、交流研讨、党支部共建、主题团日等系列活动进行集中推广，并积极将相关优秀内容推荐至中国环境网、共青团中央网站等校外有影响的宣传平台，扩大学校积极开展习近平生态文明思想学习宣传的影响力。

二是开展“生态素养”科学培育活动。如生态环境知识线上科普教育。农林院校要采用校校、校院合作形式，积极发动全社会生态环境学者、生态环境学科相关教师、生态学与环境工程等相关专业学生，在校官微、校团委官微等多渠道线上平台，开设生态环境知识科普教育专栏，进行一系列以生态知识、环境保护、自然保护等生态环境知识为主题，面向全社会的推送，具体包括国内外生态环境建设发展、生态环境科学知识、生态环境科普读物、生态环境类在线开放课程、生态环境治理实践案例等。

三是开展“生态行为”文明示范活动。如生态文明行为主题宣传。面

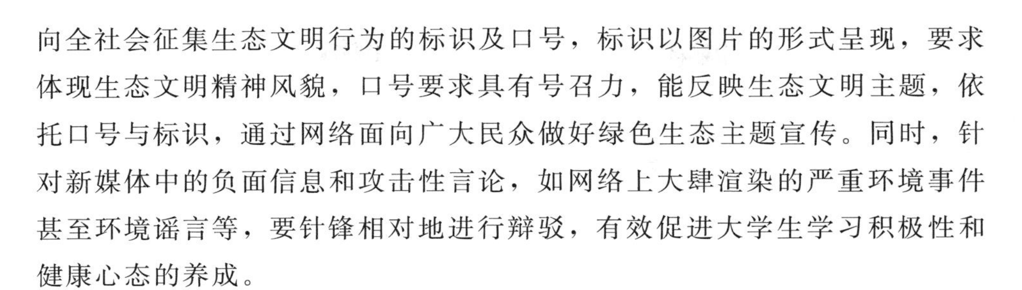

向全社会征集生态文明行为的标识及口号，标识以图片的形式呈现，要求体现生态文明精神风貌，口号要求具有号召力，能反映生态文明主题，依托口号与标识，通过网络面向广大民众做好绿色生态主题宣传。同时，针对新媒体中的负面信息和攻击性言论，如网络上大肆渲染的严重环境事件甚至环境谣言等，要针锋相对地进行辩驳，有效促进大学生学习积极性和健康心态的养成。

第四节　突出协同性，优化生态文明实践育人机制

农林院校生态文明实践育人涉及学校、政府、社会组织、用人单位和家庭等众多主体，要围绕人才培养目标和立德树人根本任务，突出协同性，协调生态文明实践育人各要素之间的相互关系和相互作用，形成的一套长期、稳定、有效的运行机制。构建农林院校生态文明实践育人的长效机制，要强化顶层设计、贯通育人工作链条、加强工作保障、推进科学评价。

一、强化生态文明实践育人顶层设计

农林院校生态文明实践育人坚持将实践作为生态文明教育的重要环节，要明确生态文明实践育人目标、优化生态文明实践育人方案、完善生态文明实践课程设置、编写生态文明实践专用教材，来强化生态文明实践育人顶层设计。

第一，明确生态文明实践育人目标。广义的实践能力是指人们改造自然和社会的能力。具体而言，从哲学角度讲，实践能力是指个体完成特定实践活动的水平和可能性。从心理学角度讲，实践能力是为了完成实践活动所必需的心理特征。从教育学角度而言，实践能力就是个体解决实际问题的能力，从而促进自我成长。从社会学角度讲，实践能力是服务社会发展的能力。从层次上，实践能力分为：基本实践能力、专业实践能力和综合实践能力。其中，基本实践能力是指完成某一具体工作任务的基础能力；专业实践能力是指完成某一指定专门业务所具有的专项知识和技能；综合

实践能力是指独立办事和分析解决问题的高级能力[1]。从形式上，实践能力包括活的知识力量表现在实践中的探索能力、组织能力、信息加工能力、解决问题的能力、手脑并用能力、变科学、技术、智慧为“物质形式”的“物化”能力、创造精神财富和物质财富的能力[2]。实践能力具有实践性、个人性、能动性、多样性和发展性等特征。

大学生实践能力是指大学生吸收、整合支持性教育资源和个体基础资源，有目的、有计划地参加实践，认识社会、参与具体的社会生活和生产劳动，解决实际问题，满足社会需要和推动社会发展的能力。大学生实践能力由基本实践能力、专业实践能力和综合实践能力构成。其中：基本实践能力是指大学生日常学习、生活和工作中所应具备的基础实践能力，包含交往能力、问题感知能力和机体协调能力；专业实践能力是指大学生利用所学知识解决专业领域实际问题的能力，包括专业知识和专业技能；综合实践能力是指大学生在实践中依靠个人综合素养，形成独立思维，解决问题的高级能力。

农林院校致力于培养德智体美劳全面发展，具有深厚的人文底蕴与自然科学基础、扎实的专业知识、创新能力及国际视野，能够深入开展现代科学研究，在农林领域富有创新精神与创造能力的高素质人才。生态文明实践育人主要强调培养大学生的生态文明价值观、社会责任感、职业精神、专业知识、实践能力等，为生态文明建设提供人才支撑和智力支撑。生态文明实践育人要巧妙地融入到教学过程、专业实习、校园文化和社会活动等各个方面。

着眼于生态文明实践育人的目标，农林院校要加强各部门实施生态文明实践育人的宏观管理，制定和规范生态文明实践育人的教学职责、质量标准、设备管理、师资建设、运行机制、经费投入、教学改革和质量监控等管理制度，对生态文明实践育人实施情况实行过程监控和督导，并对实施的效果进行实时考核与评估，实现各机构或部门相互协调、相互支持，确保教育目标的实现。

第二，优化生态文明实践育人方案。人才培养方案是人才培养目标与

[1] 张济生．对培养大学生实践能力的认识［J］．高等工程教育研究，2001（2）：37－38．

[2] 向洪．当代科学学辞典［M］．成都：成都科技大学出版社，1987：226．

培养规格的具体化、实践化形式，是学校实施人才培养工作的纲领性文件，也是组织教学过程、安排教学任务、确定教师编制的基本依据，对人才培养质量的提高具有极其重要的作用。

围绕生态文明实践育人工作，农林院校要贯彻“学思结合、知行统一、因材施教”的原则，根据行业和社会对人才的需求，突出产学研紧密结合，按照办学指导思想和高素质生态型人才培养目标的要求，对生态文明实践育人教学体系进行总体设计和改革。在人才培养方案的修订中，加大实践教学学时比重，要求实践环节在整个人才培养方案中的比例不得低于30％。同时，为突出生态文明实践育人，将生态文明主题相关的课外科技创新、社会实践活动纳入培养方案，设立创新与技能学分。除了修订人才培养方案的总体意见和要求之外，还要配套制定学校生态文明实践育人的实践课程开设方案、专业课程开设方案、公共课程开设方案等，并根据相关课程方案要求修订各专业的人才培养方案。

第三，完善生态文明实践课程设置。课程设置是人才培养目标与规格的具体体现，优化课程体系也是优化人才培养方案的重点工作。人才培养方案的课程体系包括普通教育、专业教育、综合教育和应用教育几个方面来构建。课程结构则由必修课程、选修课程和实践环节等课程构成。在课程体系和课程结构中各类课程、各类教学环节的关系要协调好，课程门数、各课程教学时数要安排合理，学时、学分比例要恰当，课内与课外应该科学结合。

围绕生态文明实践育人工作，农林院校：

一是要把生态文明教育有机地融入到专业课的教学中，提高生态文明教育的针对性和有效性。如在讲授专业的法律知识时拓展有关生态方面的法律知识，或通过案例开展警示教育，强化大学生对生态文明教育的认知与重视。

二是生态文明教育要与思想政治理论课相结合。思想政治理论课具有知识的传授、感悟的启迪、信念的确立、行动的引导等重要作用，是培养大学生树立科学的世界观、人生观和价值观的重要渠道。要充分利用思想政治理论课程，渗透生态文明教育的相关内容，达到教育大学生树立生态文明观的目的。

三是要适当增设生态学、环境评价、环境法等生态文明教育公共课程。把生态文明教育作为一门学科，纳入公共课程教育体系中，设置学分，所有专业的学生都必须学习通过。

四是要合理安排生态文明教育选修课程。充分注意性别、学历、政治面貌、专业性质、专业类别、院校层次的因素，满足不同层次、不同喜好、不同追求的大学生的需求。

五是建设生态文明教育特色课程。围绕农林院校所在地绿色生态资源，围绕独特地理地貌、山水林田湖草特色自然生态资源、优秀传统生态文化和丰富的生态文明实践等，邀请名师或具有丰富实践经验的一线骨干，建设主题开放课、优质特色课等。

第四，编写生态文明实践专用教材。我国生态文明教育还处在探索阶段，学科体系设置还未健全，生态文明教育课程还不统一，适用的教材还很缺乏。

农林院校要根据国家生态文明教育总体要求、学校层次、学科专业、地方特色和教育对象的实际情况编写生态文明实践专用教材。

一是针对非生态环境类专业的学生，在生态环境类专业书籍的基础上，选择部分与大学生生活密切相关的内容编写教材，运用通俗易懂的语言来讲授，让大学生获得与生态文明相关的基础理论知识。

二是针对非生态环境类课程推进课程思政。从不同的学科角度，结合课程目标和学科特点，找到生态文明教育渗透的最佳结合点，编写生态文明教育课程思政的案例等教辅资料。通过挖掘素材、寻找方法、深入浅出、讲透知识，实现原有学科内容的扩展和更新，把生态文明教育内容渗透到其他各门学科的教学过程中，使每门学科都渗透生态文明理念，使大学生在潜移默化中接受生态文明教育。

三是结合思想政治理论课教学内容，编写生态文明教育相关的案例等教辅资料。如《思想道德与法治》这门课可结合入学篇、价值篇、爱国篇、公德篇、法治篇等教学内容来开展热爱自然、遵纪守法等教育，使学生养成环境公德意识、树立环境法治观念；《马克思主义基本原理概论》可以结合唯物论、辩证法、认识论来讲解人与自然的关系，要一分为二地看待自然界的价值，要形成合理利用开发自然资源的意识，要树立人与自然和谐

发展的自然观念；《中国近现代史纲要》可结合爱国主义、国情教育等来开展生态文明教育，通过国与国之间在资源、经济、环境上的比较来使学生看到我国与其他国家的差距，进而增强学生的使命感和紧迫感，自觉地把生态文明意识提升到民族意识上，努力为国家富强、民主、文明作出自己的一份贡献。

二、贯通生态文明实践育人工作链条

系统论认为任何系统都是一个有机的整体，它不是各个部分的简单机械地相加，而是建立在合作联动基础之上的资源最佳分配，强调从要素的结构和功能分析中形成最佳配置。2012 年，《关于进一步加强高校实践育人工作的若干意见》指出，“实践育人是一项系统工程，需要各地区各部门的大力支持，需要各高校的积极努力。推动地方各级政府整合社会各方面力量，大力支持高校实践育人工作。教育部门要加大对高校实践育人工作的指导和支持力度，进一步发挥好沟通联络作用，积极促进形成实践育人合作机制。”

生态文明实践育人是一项复杂、艰巨的整体性和系统性工程。从国家层面来说，生态文明实践育人涉及政府、学校、社会组织和家庭等多个主体；从农林院校内部来说，落实与推进生态文明实践育人不是一个部门的事情，更不是单一部门和组织能做好的事情。尤其农林院校内部各相关职能部门之间缺乏相互沟通、配合，联动机制不够畅通，如课堂教学属于教务部门管理，实践活动属于学生工作部门或团学组织管理，导致课堂教学、第二课堂、校园文化建设三者之间不能很好地连接，甚至于相互脱节，达不到应有的教育教学效果。面对现实问题，农林院校要以系统论为理论基础，把生态文明实践育人作为一个统一的有机整体，实现校内外联动，贯通生态文明实践育人工作链条，为生态文明实践育人营造良好氛围。

第一，建立联动的领导体制：

从国家层面，成立由教育部、中宣部、财政部、文化和旅游部、自然资源部、生态环境部、国家林业和草原局、共青团中央等组织的生态文明实践育人联席工作机构，统筹国家层面生态文明实践育人政策的制定，完善中央和国家层面有关部门联动生态文明实践育人的体制和机制，重点突出生态文明实践育人工作整体谋划。

从地方政府层面，要建立政府主导、教育部门牵头、宣传部门、财政部门、文化部门、共青团组织、企事业部门等组织的地方生态文明实践育人联动机构，着力研究和解决辖区内生态文明实践育人的问题，有效整合辖区的生态文明实践育人资源，推进生态文明实践育人工作的落实，为农林院校及其他高校开展生态文明实践育人提供条件保障和资金支撑。

从高校层面，建立学校党委统一领导、党政工团齐抓共管、部门协作联动和各单位具体落实的管理体制，成立由校党委牵头、学工部门、校团委、教务部门、研究生教育管理部门、宣传部门、财务部门、保卫部门和后勤管理部门以及学校资产管理部门等单位负责人组成的学校生态文明实践育人工作领导小组，统筹学校层面生态文明实践育人工作，制定生态文明实践育人的总体规划和实施方案，营造生态文明实践育人的良好氛围和和谐环境，做到与学校中心工作同部署、同要求、同考核和同落实。

第二，明确联动的责任分工。因为联动的关键是工作协同和配合，所以明确联动工作中的职责分工是基础。生态文明实践育人这个大系统牵涉到中央、地方和高校三个层面，涉及众多部门，只有明确联动中的责任分工，才能使各部门的权责更加清晰，才能保证生态文明实践育人持续整体推进，才能提升生态文明实践育人工作的张力。立足农林院校，要从制度层面对部门的工作任务和工作内容进行明确和细化，如教务部门具体负责生态文明实践育人中的实践性教学安排、实践教学学分安排、校内外实践基地的管理、科技创新创业等工作；校团委具体负责生态文明主题社会实践和青年志愿者服务等活动的组织；学工部门具体负责完善大学生综合素质评价标准，将大学生参加生态文明实践育人活动的表现情况纳入综合素质评价体系；宣传部门负责生态文明实践育人的氛围营造和典型宣传；财务部门负责生态文明实践育人经费的核算和划拨；二级学院具体负责大学生生态文明实践育人的宣传、组织、实施和考核等工作。

第三，完善联动的工作机制。健全的工作机制是生态文明实践育人整体性建设的重要保障。

首先，要建立信息交流机制，以政府和农林院校为主体，建立基于制度政策、工作落实和工作成效为主要内容的生态文明实践育人一体化信息平台，各主体及时进行沟通和反馈，实现信息共享。

其次，要建立定期会晤机制，强化生态文明实践育人的顶层设计，对生态文明实践育人工作目标和工作内容进行部署安排，细化各部门、各单位的任务和分工，增进协同和配合。分阶段召开工作推进会，及时总结生态文明实践育人开展的情况和工作存在的问题，研究解决工作中的困难和难题；每年召开年度工作总结会，共同研究和制订下一年度工作计划和目标。

再次，要建立联动考评奖励机制，对各部门的工作配合、工作落实和工作保障等情况进行全方位系统化的考核，在考核的基础上对表现优秀的部门进行奖励，激发部门参与生态文明实践育人的自觉性、责任感和使命感。

最后，要建立风险分担机制，确保育人效果。任何一项政策的出台都存在效果失真、执行不力、背景转换、突发事件等干扰与风险。在面对可能发生的风险时，各部门要统一思想、积极应对，第一时间察觉、第一时间通报、第一时间会商、第一时间决策、第一时间行动。

三、加强生态文明实践育人工作保障

第一，加强理论指导。生态文明教育在不断发展，不断更新，因此，需要新的理论来作指导。

一是要有科研经费作保障，鼓励农林院校教师和科研院所研究人员申报与之相关的课题，加强研究。

二是要加强跨学科研究，促进教育学专家、环境研究专家等共同协作研究。

三是要加强国际学术交流，学习借鉴国外生态文明教育的先进经验。

第二，提高组织水平。当前，农林院校生态文明实践育人存在资源不够丰富、平台不够稳定、时间不够充分、宣传不够有力等问题，因此，要大力提高生态文明实践育人的组织化水平。

一是与地方政府、企事业单位加强组织协调，为大学生搭好桥、牵好线。

二是加强实践平台和基地的培育、建设，提高有效性和稳定性。

三是遵循教育规律，科学设置实践要求，保证实践时间，杜绝走马观花和面上功夫。

四是通过总结、评比和宣传等，促进实践团队和个人做好生态文明实践的总结复盘、成果固化。

第三，加强经费保障。经费不足的问题已经成为制约当前生态文明实践育人质量提升的瓶颈。资金的投入是生态文明实践育人顺利开展的物质基础，既为实践组织、差旅、耗材、宣传等提供必要的支持，也给予优秀的团队、校内外指导老师和学生个人一定的奖励。

一是政府要加大对生态文明实践育人的投入。政府拨款是生态文明实践育人活动开展的根本保障和主要来源，各级政府要把生态文明教育列入公共财政专项，针对企业实践基地建设情况和企业支持实践工作的情况，从税收方面实施税收减免政策，对于企事业单位、社区和农村等长期实践基地，给予经费补助或经费奖励。教育行政部门要根据不同类型学校、不同类别专业分别制订生态文明实践育人经费投入标准。

二是农林院校设置生态文明实践育人专项经费。《关于加强高校实践育人工作的若干意见》指出，“高校作为实践育人经费投入主体，要统筹安排好教学、科研等方面的经费，新增生均拨款和教学经费要加大对实践教学、军事训练、社会实践活动等实践育人工作的投入。”因此，农林院校要设立生态文明实践育人专项经费，用于改善实验、实训、实习条件，支持生态文明实践育人活动开展和奖励等。

三是争取校友捐资、公益机构和社会企业的资助，吸引社会资金的投入。通过生态文明实践育人为企业提供智力和技术支持，扩大企业社会影响力，同时提升大学生的实践能力和综合素质。

第四，营造工作氛围。全面建设生态校园，可以为大学生的生态文明实践育人提供良好的工作氛围。

一是优化校园自然环境。包括学校所处的位置、学校的自然风貌、学校建筑物的整体布局、建筑物的设计风格等，体现天人合一的理念，使大学生的身心受到熏陶。

二是提升校园人文环境。发掘学校校训、精神等文化因素，将生态文明理念融入学校精神文化建设中。持续开展节水、节电、节粮、垃圾分类、校园绿化等生活实践活动，引导大学生树立人与自然和谐共生观念，自觉践行节约能源资源、保护生态环境各项要求。

三是完善校园能源管理工作体系。在校园建设与管理领域广泛运用先进的节能新能源技术产品和服务。针对校园能源消耗和师生学习工作需求，建立涵盖节约用电、用水、用气，以及倡导绿色出行等全方位的校园能源管理工作体系。加快推进移动互联网、云计算、物联网、大数据等现代信息技术在校园教学、科研、基建、后勤、社会服务等方面的应用，实现高校后勤领域能源管理的智能化与动态化，助推学校绿色发展提质增效、转型升级。

四是优化校园制度建设。制度具有权威性、稳定性等特点，能对师生的言行举止起到平等的规范、约束和引导的作用。制定大学生生态文明教育的规章制度，将绿色、低碳、环保的理念深入到学生的日常生活中去，可以规范和约束大学生的日常行为。如制定《校园生态文明行为规范》《节约型校园建设条例》《学生低碳生活守则》等文件，建立水电无偿使用、有偿使用和补偿使用等激励政策。

四、推进生态文明实践育人科学评价

合理的考核与评价机制，是为了提升参与者的积极性与责任感，促进工作质量的提升。就生态文明实践育人而言，由于其涉及众多部门与组织，关乎大学生的全面发展和国家生态文明建设，需要构建科学合理的考核与评价机制，通过诊断性评价、形成性评价和总结性评价，为师生提供方向参考，树立师生先进典型，激励师生成长成才。

第一，大学生参与生态文明实践的体验性评价。大学生是生态文明实践育人的主体，是生态文明实践育人活动的参与者和体验者。对生态文明实践育人评价要体现对大学生体验过程和体验结果的评价，构建大学生生态文明素质评价体系。大学生生态文明素质是大学生在大学期间的思想政治、道德举止、专业成绩、创新素质、实践能力、课外活动、身心健康等方面的全面发展程度的表现，是农林院校办学质量和办学水平的集中体现，是大学生可持续发展能力和就业竞争力的主要表现。

一是把握大学生生态文明素质的科学内涵。包括以生态意识为核心的思想政治素质、以生态知识为核心科学文化素质、以生态价值理念为核心的创新精神和实践能力、以生态生活习惯为核心的身心素质等四个方面。其中，以生态意识为核心的思想政治素质是指大学生关于生态文明的理想信念、思想意识、道德行为、政治态度、法纪素养等符合时代特征，符合社会主义核心价值体系和核心价值观；以生态知识为核心科学文化素质是指大学生具备良好的学习能力、掌握扎实的专业基础知识、高尚的人文素质修养等，符合生态文明建设、科技发展、学习型社会和信息化社会的新趋势；以生态价值理念为核心的创新精神和实践能力是指大学生在生态文明实践中表现出来的创新创造意识，完成实践环节以及运用所学知识解决实际问题的能力；以生态生活习惯为核心的身心素质是指大学生身体、心理及适应环境的良好状态，胜任在校期间生态文明实践和毕业后生态文明建设的任务。

二是找准大学生生态文明素质测评的指标。所谓“指标”是“统计指标”的简称，指“综合反映统计总体数量特征的概念和数值”，按照标的物不同、评价对象差异、指标数值形式可以划分为实物指标和价值指标；数量指标和质量指标；绝对指标、相对指标和平均指标等。大学生生态文明素质测评指标体系要体现生态文明实践育人的目的、过程和效果，构建以有效促进大学生的全面发展和健康成长成才为目的、以提升思想政治素质为核心、以提升知识素质为基础、以提升能力素质为关键的评价导向，从德智体美劳等方面来考量和评价，综合考察大学生服务国家和人民的社会责任感、勇于探索的创新创业精神、善于解决问题的实践能力。围绕思想政治素质、知识素质、身心素质、创新精神和实践能力等为一级指标，在分数权重上给予一定的比例，确保通过测评能全面、客观、科学地反映生态文明实践育人工作的效果。

三是明确大学生生态文明素质测评的内容。在找准大学生生态文明素质测评一级指标的基础上，明确测评的具体内容，是确保测评具有可操作性的关键。在思想政治素质评价上要体现大学生投身生态文明建设的社会责任感，参加生态文明志愿服务等社会公益活动的情况等；在知识素质评价上要体现大学生学习环境伦理、生态文化等生态文明相关课程的情况；在身心素质评价上要体现大学生参加生态文明实践的身体素质和情感、意志、团队精神等；在创新精神和实践能力评价上要体现大学生参与生态文明相关社会实践、专业实践、科研创新、学科竞赛、社会工作等实践的情况。

第二，教师参与生态文明实践的指导性评价。教师是生态文明实践育人的主导者，生态文明实践育人的效果如何与教师的指导密不可分。《关于加强高校实践育人工作的若干意见》指出，“教师承担实践育人工作要计算工作量，并纳入年度考核内容。”因此，对生态文明实践育人的评价必须强化对教师指导性作用的评价，把教师参与和指导生态文明实践育人工作的情况纳入教师业绩考核，形成教师积极参与和主动指导生态文明实践的政策导向和制度约束。

一是实现生态文明实践育人与教书育人的同等考核。教书育人和实践育人都是育人的有效载体和途径，从广义上讲，教书育人本身也包含了实践育人环节，所有高校教师都负有实践育人的重要责任。教师业绩考核是对教师德、勤、能、绩等四个方面的综合评价，为教师职务晋升、聘任、奖励等提供可靠的依据，是学校评价教师工作、教师职称晋升等工作的重要依据，是加强教师队伍建设、提高教师整体素质的重要举措，能激发广大教师投身教学科研和社会服务等工作的内生动力。因此，农林院校要把生态文明实践育人纳入教师业绩考核，进一步发挥教师指导、引导生态文明实践活动的重要作用，增强教师指导、引导生态文明实践活动的积极性和主动性。

二是完善教师指导生态文明实践的考核内容。教师承担着教学、科研和管理服务等工作，这决定了教师业绩考核包括教学业绩考核、科研业绩考核和社会公益服务业绩考核等。其中，教学业绩考核主要是对教师的课堂教学、学生培养质量和教学成果进行考核，包括教学活动、教学建设与改革、教学效果和师德师风等方面。教师指导生态文明实践的业绩可以纳入教学业绩考核，如将教师指导生态文明专业实践、就业实习、社会实践、创新创业实践等情况纳入教学活动；将主持（或参与）生态文明实践教学改革的情况纳入教学建设与改革；将大学生参加科技创新、学科竞赛、社会实践等生态文明实践获奖情况以及毕业生就业质量和就业去向等纳入教学效果考核；将教师关于生态文明实践育人工作的态度纳入师德师风考核。

三是优化教师指导生态文明实践的考核方式。教师参与生态文明实践的指导性评价应采取多元化的考核方式。首先，生态文明实践育人是一个双向互动的过程，教师是生态文明实践育人活动的组织者、实施者，大学生是生态文明实践育人活动的主体，是生态文明实践育人的受益者，生态文明实践育人的效果如何关键在于是不是满足大学生成长成才的需求。因此，在对教师的考核中，要完善教师自评与学生评价相结合的评价方式。其次，要采取定性考核和定量考核相结合的方式。

第三，学校实施生态文明实践的综合性评价。学校评估的目的是通过评估，推动学校转变教育观念，明确办学思想，加大经费投入和教学建设，全面提高教育质量，促进内涵式发展。《关于进一步加强高校实践育人工作的若干意见》指出“教育部门要把实践育人工作作为对高校办学质量和水平评估考核的重要指标，纳入高校教育教学和党的建设及思想政治教育评估体系，及时表彰宣传实践育人先进集体和个人。各高校要制订实践育人成效考核评价办法，切实增强实践育人效果。”农林院校是生态文明实践育人工作的领导者和组织者。农林院校对生态文明实践育人的重视程度、投入情况都决定着生态文明实践育人的效果和质量。通过开展学校实施生态文明实践的综合性评价，把生态文明实践育人工作纳入学校整体性、综合性和系统性评估，能进一步明确农林院校在实践育人中的责任主体，增强农林院校开展生态文明实践育人的思想自觉和行动自觉；能进一步健全和完善生态文明实践育人工作的体制和机制，形成育人合力。

一是评估生态文明实践育人的目标导向。目标既是对活动主体及过程的任务，又是对行动理想及方向的指引、对活动实施及效果的动力。学校评估评什么、重点指标、量化分值等因素会有力地引导学校做什么、怎么做。学校评估的目标必须围绕党的教育方针的贯彻落实，坚持教育为社会主义现代化建设服务、为人民服务，把立德树人作为教育的根本任务，培养德智体美劳全面发展的社会主义建设者和接班人。坚持教育与生产劳动相结合、坚持理论与实践相统一，是大学生成长成才的必由之路，是党对高等教育的根本要求。生态文明实践育人是农林院校实现人才培养目标的重要途径，是农林院校人才培养特色的集中体现，其本质是通过生态文明实践活动帮助大学生将生态文明知识转化为能力、精神、品格，提升大学生的综合素质。在学校评估中要体现生态文明实践育人的目标导向，把生态文明实践育人纳入农林院校人才培养的整体架构来考量。

二是评估生态文明实践育人的教育思想。办学思想是价值观念在学校办学、治校、育人目标上的体现，是一定的教育思想与学校实际办学条件在办学目标上的反映，是党和国家教育方针在学校办学实践中的具体化。“为谁培养人、培养什么样的人、如何培养人”是办好人民满意高等教育的基本遵循，围绕三个问题，生态文明实践育人首先要体现“人的全面发展”理念，其次要体现“教育与生产劳动相结合”的教育方针。尤其知行统一、手脑并用强调了知与行、学习与实践的辩证统一关系，既是中国传统教育思想的组成部分，也符合马克思坚持理论与实践相结合，将主观世界改造和客观世界改造紧密结合的基本要求，因此，要突出实践环节在人才培养中的重要作用，将生态文明实践育人作为大学生学习知识、提升自我、服务社会的重要手段，促进大学生全面发展和可持续发展能力的提升。

三是评估生态文明实践育人的教育效果。教学效果直接关系到人才培养质量的高低，是学校办学水平评估的核心指标。实践育人是提升教学效果和人才培养质量的有效路径，必须将实践育人的实效体现到学校评估中。

首先，对生态文明课堂教育和实践教育的融合程度进行评估，包括人才培养方案和专业人才培养、课程学分设置和教学时间保障等。其中，生态文明课堂教育的评价可以从课时设置、课堂教学形式等方面开展。生态文明实践教育可以从教学实践、主题实践、社会实践、志愿服务、创新创业实践、网络实践等方面开展。

其次，对生态文明实践育人的工作成效进行评估。生态文明实践育人效果要看大学生关于生态文明的基本理论与基本实践、创新精神和实践能力等。大学生基本理论与基本实践考察要改革理论考核的评价方式，改变以往以闭卷考试为主要方式、理论基础知识为主要内容的考试方式，设计开放性问题、探索性实验考核方式，全面考察大学生运用专业知识解决实际问题的能力。对于创新精神与实践能力的考核，应注重大学生参加生态文明各类实践的获奖情况等。

四是评估生态文明实践育人的工作保障。

首先，要考核生态文明实践育人的基本设施。实训基地、实践基地和实验室等教学基本设施是开展生态文明实践育人工作的重要保障，要从人均占有率（人均占有面积）方面考核生态文明实践条件是否能满足工作的开展。

其次，要从整体数量和经费投入上考核农林院校对生态文明实践育人的投入，衡量农林院校是不是真正重视生态文明实践育人工作。此外，要对农林院校校园环境进行生态性评估。通过校园环境生态型评估反向评价大学生接受生态文明教育后的行为态度，以及农林院校绿化卫生、低碳减排等情况。

第五节　突出开放性，拓展生态文明实践育人资源

很长一段时期内，受计划经济体制下资源配置方式的影响，无论是高校间的共享还是校内的共享都没有协调一致的工作机制。如教育资源一旦以条块分割的方式配置到各高校，资源的使用权和所有权就为各高校所有，高校间资源管理各自为政。同样，高校在校内配置资源时，图书馆、实验室等各种形式的教育资源也分散在图书馆、教务处、网络信息中心等不同部门及各院系，部门间各自为政。这种分散的管理体制难以盘活教育资源存量，难以发挥教育资源的整体价值，难以保障教育资源共享的长效运行。生态文明视域下农林院校实践育人要突出开放性，树立科学的资源共享工作理念、构建有效的资源共享工作机制、打造高质的生态文明实践平台，推进生态文明实践育人资源的开发与建设，让更多的大学生在实践过程中受益。

一、树立科学的资源共享工作理念

资源是一种物质要素。历史和现实都表明，资源是社会发展的前提和基础，任何人类活动都必须以一定的资源作为支撑。农林院校生态文明实践育人也离不开资源，它存在于农林院校内部以及与农林院校相关联的社会机构和社会组织当中，通过生态文明实践育人，被农林院校开发和利用，发挥一定生态文明教育价值和功能，为农林院校生态文明实践育人服务。

它与一般资源具有相同之处，也具有不同之处。具体来说，存在有限性、差异性、互补性和发展性。

第一，具有有限性。有限是相对于“无限”而言，指有条件的、在空间和时间上都有一定限制的东西。所有的资源都是在一定的自然和社会条件下生长而形成的，从资源的数量与需求关系来看，现实可以提供的资源总是有限的。生态文明实践育人的资源也不例外，

一方面，实习基地、实验中心等资源受制于学校经费投入、学校整体规划和学科建设等多重因素影响，这些资源相对数量庞大的大学生来说，人均占有面积或占有的资源比例都是偏少的。

另一方面，许多实践的自然资源都是不能再生或修复的，无法满足大学生日益增长的实践需求。生态文明实践育人资源的数量有限性特点要求农林院校必须努力加大投入力度、保障学生成长需求。

第二，具有差异性。世界上的一切物质都处于发展变化中，资源作为一种客观存在的物质，在时空上、区域上以及类别属性上都存在差异性。生态文明实践育人资源除了在不同时间段内的分布存在差异性外，在不同的地理空间以及不同单位的分布也是不均衡的。比如不同层次的农林院校、不同类别的学科专业，受到经费投入、发展规划、培养目标等多重因素的影响，生态文明实践育人的资源也存在着明显的差异性；校内生态文明实践育人资源与校外生态文明实践育人资源也存在着差异性，学校注重培养大学生的创新意识和创新能力，校外注重培养大学生应用专业知识解决实际问题的能力。生态文明实践育人分布差异性特点要农林院校必须用好现有资源、积极争取校外资源。

第三，具有互补性。实践资源是为一定的实践育人目标服务的。不同的生态文明实践育人资源在功能上具有各自的侧重点，如就业实践资源重在培养大学生的职业素养和吃苦耐劳的品质；主题实践资源重在引导学生践行社会主义核心价值观，增强爱国主义和集体主义观念；志愿实践资源重在提升大学生的社会责任感等。这就要求农林院校发挥资源的功能互补性，服务生态文明实践育人。生态文明实践育人功能互补性特点要求农林院校必须加强顶层设计、形成育人合力。

第四，具有发展性。虽然资源具有分布差异性，但是它们的分布和存

在不是静止的，而是在不断地变化的，具有明显的时空性和动态性。

首先，随着我国经济社会发展，工业化步伐加快，生产企业数量不断增长，在为我国城乡居民提供大量就业机会的同时，也为广大学生提供了实习实践的机会。

其次，随着国家对教育事业的重视和对教育投入的加大，学校的基础办学条件、与专业实习密切相关的实践教学基地等教学实习条件得到改善，与改革开放之前相比有显著性的变化。校内外的实践资源数量也出现了明显的增加，同时也发生了结构和内容的深层次变革，为开展实践教学提供了良好的基础。生态文明实践育人时空发展性要求农林院校把握发展机遇，改善育人环境。

《关于进一步加强高校实践育人工作的若干意见》提出，“要进一步强化实践教学环节，加强实验室实习实训基地实践教学共享平台建设。”强调了资源共享对于提升实践育人质量的重要性。生态文明实践育人的效果取决于系统内各个要素的作用发挥以及是否形成合力。因此，要树立开放的资源共享工作理念，充分整合各方力量、优化组合各种资源，使各个要素发挥最大效能，形成育人合力。共享是不同主体对于资源在不同程度上的共同享有、享受或使用。资源共享有利于改变分散、封闭、单一、重复建设、条块分割、各自为政的倾向。生态文明实践育人资源共享是指不同的主体对于生态文明实践资源在不同程度上的共同享有、享受或使用，使生态文明实践资源由独占的、非均衡状态向共享均衡状态转化，从而形成开放的生态文明实践育人资源共享格局，达到有效的生态文明实践育人工作目的。

一方面，生态文明实践资源共享能促进教育公平。生态文明实践资源配置公平，既是教育机会公平的重要途径，也是教育公平的更高层次要求，能让更多的大学生有生态文明实践的机会，更好地提升自身的综合素质。

另一方面，生态文明实践资源共享是促进农林院校高质量发展的必然要求。无论从促进农林院校高质量发展的内部需求来看，还是从增强农林院校区域竞争力、拓展外部生存空间的现实需要来看，生态文明实践资源共享能推动资源的合理利用，促进实践资源的有效分享，更好地促进资源

要素的优化配置，提高资源的利用率。

二、构建有效的资源共享工作机制

生态文明实践育人资源数量上的有限性、分布上的差异性、功能上的互补性、时空上的发展性决定了生态文明实践资源共享的必要性和紧迫性，这也是生态文明实践育人资源共享的逻辑起点。实践资源共享不是无条件的，也不是无规则和无保障的，必须坚持实践资源共享的开放性、互惠性和人本性，才能促进资源配置更加合理、资源利用更加高效，进而实现资源效益最大化。

第一，坚持开放性。开放是指一个系统内部与系统外部之间的状态，其目的在于交流和互动的有效性实现。耗散结构理论认为，开放使人力资源、物力资源的交流以及信息的交流、共享成为可能，实现了与外部环境间的物质和能力交换。正如国家富强和社会发展离不开开放的理念和开放的环境，高校作为社会的一个子系统，担负着人才培养、科学研究、社会服务、文化传承与创新等职能，必须坚持开放性原则，主动融入世界和社会的发展中，才能体现自身价值、实现自身可持续发展。农林院校生态文明实践育人坚持开放性的原则，必须要打破狭义的资源有限论，立足于开放式办学的大实践育人观，充分调动各方面的积极性，构建联动的生态文明实践平台，共享优质的生态文明实践资源。同时，要优化生态文明资源开放的工作机制，明确生态文明实践资源开放的内容、时间、要求，完善生态文明实践资源共享的管理制度，为生态文明实践资源共享提供强有力的保障。

第二，坚持互惠性。资源共享是在特定的范围能将全部或部分资源提供给合作的单位或个人来分享、利用。从人类学的角度来看，人类共享行为可以分为简单的非互惠给予、买卖交换以及互惠交换等三种形式，其中，互惠交换是最主要的形式。从经济学的角度来看，社会交换理论认为，人类的一切行为都受到某种能带来奖励和报酬的交换活动的支配，资源共享能促进资源公共性和专有性的均衡。生态文明实践育人资源存在着数量有限性和功能互补性等特点，因此，要坚持互惠性原则，强调置换型对等，即共享的资源能满足所有成员的需求，使各方在某些方面实现相等或平衡，但也要认识到所有成员均是权利与义务均衡的行为主体，要主动维护互惠性原则。只有在生态文明实践资源共享的过程中获益，才能激发所有成员共建共享的积极性，进而促进农林院校、政府、企业等不同主体充分发挥自身的特点或优势，实现生态文明实践资源的全方位共享。

第三，坚持人本性。以人为本是现代管理的重要理念。双因素理论认为，保健因素不能激发个体的积极性，要激发个体的积极性必须采用激励因素，坚持以人为本，通过成就、认可等方式来调动个体的积极性。对于生态文明实践育人而言，大学生是生态文明实践资源使用的主体，衡量资源共享的必要性、有效性等要看是否有利于大学生全面发展。坚持以生为本的原则，要以促进大学生全面发展为出发点和落脚点，通过共享从资源的类别、数量、质量上满足大学生生态文明实践资源的需求，为其提供坚实的保障。

在遵循开放性、互惠性和人本性原则的基础上，要努力构建农林院校生态文明实践育人共同体。“共同体”一词最早由德国社会学家斐迪南·滕尼斯提出，共同体的本质是有机生命的结合，在社会学语境下，指处于不同关系的人或物的结合，促进共同体内部个体的发展[1]。自 20 世纪 70 年代末开始，国内不少高校根据自身的需要和条件，与邻近的高校或对口的高校进行了多种形式的合作，形成了“资源共享、优势互补、平等互利、相互促进”的战略合作联盟，实现了资源共享和联合办学。另外如校企合作，为高校转化科研成果提供途径，为大学生实践提供场所，为合作单位带来经济利益和社会影响力；校地合作，为高校发展提供政策和环境，为大学生实践提供场所，为地方发展提供科技和人才支撑。构建生态文明实践育人共同体，效益是关键。农林院校要在互利互惠双赢的基础上，把生态文明实践育人与技术开发、服务紧密结合起来，既着眼于大学生生态文明素养的提升，又着眼于服务合作单位和社会经济的发展，有效解决生态文明实践资源分布不均、资源总量有限、资源功能不全等问题，满足大学生日益增长的学习需求，促进大学生的全面发展，提升农林院校生态文明实践育人的质量。

---

[1] 斐迪南·滕尼斯．共同体与社会．[M]．林荣远，译．北京：商务印书馆，1999：67.

三、打造高质的生态文明实践平台

实践平台是大学生深入开展生态文明实践活动的保障。要通过校地合作、校企合作、校院合作、校际合作、国际合作等途径，打造功能多样、管理规范、长期稳定、协同运作的生态文明实践平台，推进生态文明实践育人常态化长效化开展。

第一，突出多样性。生态文明实践育人按照形式可以分为教学实践、主题实践、社会实践、志愿服务、创新创业实践。其中生态文明教学实践依托专业实验室（实验中心）、校内外专业实习基地、就业实习基地等；生态文明主题实践依托自然博物馆、生态文明教育基地、劳动教育基地等；社会实践依托政府、企业、乡镇、社区和其他接纳大学生社会实践的场所；志愿服务依托乡镇、社区及其他接纳志愿服务的单位；创新创业实践依托实训中心、创新创业基地、企业孵化器等。这些实践平台是农林院校生态文明实践育人的基础，是提升育人质量和效果的重要保障。

第二，突出规范性。要加强生态文明实践平台的遴选、建设、管理和监督。

首先，在生态文明实践平台的选择上，要与学科建设、科研发展和人才培养目标联系起来，综合考虑生态文明实践平台的物质基础、环境条件、交通便利性等情况，把好生态文明实践平台建设的入口关。

其次，丰富生态文明实践平台建设的形式和内容，精心设计生态文明实践活动，加强生态文明实践平台的文化建设，增强生态文明实践平台对大学生的吸引力。

再次，建立健全生态文明实践平台建设的各项规章制度，引导教师积极参与生态文明实践活动，鼓励教师结合自身的科研、教学推荐生态文明实践平台，加强教师与生态文明实践平台的长期联系。

最后，强化对生态文明实践平台的监督、管理，指导生态文明实践平台建设，同时，建立动态调整机制。

第三，突出稳定性。长期稳定的生态文明实践平台是大学生开展生态文明实践的重要依托，因此，打造高质的生态文明实践平台要突出其稳定性。

一是能动态更新相关设施和设备，具有长期学习和训练的功能。

二是能够接纳一定规模大学生实践，保证相关学生都有锻炼的机会。

三是具有相对真实的体验环境，能锻炼大学生处理实际问题的能力。

四是具有大学生综合锻炼的功能，能锻炼学生面对各种复杂情况解决问题的能力等。

第四，突出协同性。树立大实践平台的理念，促进生态文明实践平台之间的交流和衔接，加强实践平台的整体性建设，提高大实践平台的育人满意度和影响力。总体而言，要加强校内平台与校外平台的协同。从地理位置上划分，实践基地可以分为校内实践基地和校外实践基地。校内基地能够节省时间，提高效率。农林院校应根据各专业的实际需要，全方位，有计划、有步骤地加大校内实训基地的建设力度，使其形成教学、科研、生产、培训一体化的多功能基地。如植物生产园区、新天地设施生态园、动物医院、工程训练中心、畜禽养殖场和农博馆等。校外基地能让大学生进入实际工作环境，了解实际生产环境和工艺操作，训练和提高大学生的实际操作能力，为以后参与实际工作打好坚实的基础。如试验示范基地、野外试验站、技术推广站等。具体来说，农林院校要加强与地方政府、科研院所、相关企业等单位的合作。其中，政府的支持尤为重要。首先，农林院校要争取政府加大生态文明宣传教育的力度，开展有目标、有计划、有步骤的生态文明实践育人活动。如结合环境纪念日，通过电视、广播、电影、互联网、报纸、书刊、杂志、宣传栏、展览等形式宣传普及生态文明知识，提高全社会的生态文明意识。其次，农林院校要争取政府支持生态文明实践平台建设，对支撑生态文明实践平台建设的单位给予一定的政策优惠，鼓励技术先进、设备完善的大型企业建立生态文明实践平台。最后，农林院校要争取政府加大生态文明实践育人经费的投入，支持学校和社会各界为提供更多、更好的生态文明实践机会。

第六节　突出融合性，加强生态文明教育师资队伍

教师是办学的主体，是育人的主力。教育者先要受教育，才能更好担

当学生健康成长的指导者和引路人。《关于进一步加强高校实践育人工作的若干意见》中指出，“所有高校教师都负有实践育人的重要责任。各高校要制定完善教师实践育人的规定和政策，加大教师培训力度，不断提高教师实践育人水平。”生态文明视域下农林院校实践育人要突出融合性，提升生态文明实践师资队伍认识、优化生态文明实践师资队伍结构、提高生态文明实践师资队伍水平，培育和造就一支理想信念与道德情操兼具、专职与兼职互补、教学与实践能力兼备的教师队伍。

一、提升生态文明实践师资队伍认识

第一，增强新农科教育的使命。农林院校必须主动承担的历史使命，农林院校担负着生态文明教育的时代使命，同时，也具有生态文明教育的独特优势，如生态育人环境优越、学科专业特色明显、实践教学基础良好等。但是，随着农业农村现代化进程的加快和国际化的发展，农林院校现有的人才培养和教育教学模式相对滞后，培养的人才与社会发展需求不相适应。着眼于人才培养的困境，新时代农林院校教师要理解乡村振兴和生态文明建设的重要意义，增强新农科教育的使命，贯彻新发展理念，优化人才培养模式，推进人才培养链与农林产业链的对接融合，培养知农爱农、强农兴农的新型人才，为乡村振兴和生态文明建设提供有力的人才支撑和智力支持。

第二，增强实践育人质量提升的认识。毛泽东同志指出“人的正确思想只能从社会实践中来”❶。邓小平同志指出“一般学校要给学生参加劳动的机会。劳动也是教学，是政治思想课。学生参加劳动，一是必须，二要适当，三看可能。”❷。江泽民同志认为“理论知识、历史知识可以通过书本学习来获得，品格、意志的锻炼主要是靠在艰苦的实践中去解决”❸。胡锦涛同志强调“科学理论、创新思维来自于实践，又服务于实践”。习近平总书记提出“学习是成长进步的阶梯，实践是提高本领的途径”。实践育人是人才培养改革的发力点和突破点，当前农林院校实践育人的质量有待于

---

❶ 毛泽东选集（第 1 卷）[M]. 北京：人民出版社，1991：181.

❷ 邓小平文选（第 1 卷）[M]. 北京：人民出版社，1994：281.

❸ 江泽民文选（第 3 卷）[M]. 北京：人民出版社，2006：50.

进一步提高。

一是传统的课堂教学以课本的理论知识传授为主，缺少现代农林产业发展、生态文明建设与教学内容的结合，以及对大学生实践能力、创新能力的培养。

二是由于农林产业发展、生态文明建设的复杂性，绝大多数教师解决农林产业实际问题的理论水平和实践能力相对较弱。

三是许多教师跟不上新兴技术更新换代的速度，实践教学的能力和水平还不够。

第三，增强“三全育人”改革的意识。生态文明实践育人要深化“三全育人”改革，不仅要从资源共享和部门联动等机制方面着手，还要树立全员参与的意识，使加强生态文明实践育人成为农林院校师生员工自觉的共同追求，真正构建全员、全方位、全过程的育人格局，使各个要素朝着生态文明实践育人的工作目标和谐运行。

二、优化生态文明实践师资队伍结构

生态文明视域下农林院校实践育人要促进教师、辅导员和班主任、学生家长、学校校友等教育主体实现相互配合、相互支持、相互协调，形成教师、学校、家庭与社会生动互动、全员参与的局面。

第一，发挥教师的主导作用。教师是学校办学的主体力量，是教育的第一资源，是全面提高人才培养质量的重要保证。因此，生态文明实践育人要发挥教师的主导作用。

一是配齐配强生态文明实践育人师资队伍，加强实验员队伍建设。

二是邀请相关领域研究所、高科技企业技术创新核心骨干等一批优秀创新人才担任校外导师，实现农林院校与生态环境实践领域的融合和互补等。

三是加强制度建设和日常管理，保证教师在生态文明实践育人中的投入，提高教师生态文明实践教学的能力和水平，鼓励实践教学效果好的教师长期从事生态文明实践育人工作，保证生态文明实践育人师资队伍的高质量和稳定性。

第二，发挥辅导员和班主任的引领作用。辅导员和班主任是大学生全面成长和健康成才的指导者和引路人，也是生态文明实践育人工作的组织者、实施者。

一方面，辅导员和班主任要做好生态文明实践育人的思想引领工作。认识是行动的先导，只有正确认识才会有积极的行动。辅导员和班主任在大学生日常教育管理的第一线，可以采取个别思想工作和主题班会相结合、网上和网下相结合等形式，宣传生态文明实践育人的重要意义、学校开展生态文明实践育人工作的政策和保障、大学生参与生态文明实践育人活动的途径和方式等，引导大学生积极主动、自发自主参与生态文明实践活动。

另一方面，辅导员和班主任要做好生态文明实践育人的组织设计工作。围绕活动主题，结合学科专业，精心设计活动方案，细化活动内容，强化过程指导，突出活动效果，提升活动的针对性和实效性。

第三，发挥家长的支撑作用。学校教育、家庭教育相结合是开展生态文明实践育人的有效方式。生态文明实践育人具有开放性、自主性、实践性等特点，家长的理解和支持十分重要。农林院校要通过家长会、家长信箱等形式完善与家长的沟通机制，介绍生态文明实践育人的政策和要求，使家长认识到生态文明实践育人在学生全面发展中的重要作用，同时也从心理上、物质上和经费保障等方面给予支持和帮助，发挥家长在生态文明实践育人中的合力。

第四，发挥校友的桥梁作用。校友作为与母校有着特殊感情的群体，分布广泛，拥有丰富的社会资源。校友是农林院校生态文明实践育人主体的延伸和补充，在生态文明实践育人中要争取校友的支持，发挥校友的桥梁作用，通过校企合作、产学研联盟等形式为生态文明实践育人提供资源和保障。

三、提高生态文明实践师资队伍水平

教学能力是教师保证教学活动顺利进行的一种专业能力，包括计划教学内容、安排教学过程、反思教学结果、提高教学水平等环节，知识渊博、高期望、尊重个性、关心学生、善待学生、有计划和组织力、有幽默感和控制力等要素。教师实践教学能力和水平的提升是农林院校开展生态文明实践育人的重要保证。农林院校要重点建设教师教学发展中心，积极开展教师培训、教学改革、质量评估、咨询服务等工作，满足教师职业发展需要。

第一，从职业生涯来说，25～35岁为教师发展的成长积累阶段，35～50岁为教师发展的黄金阶段，50岁之后是教师发展的自我关注阶段。各阶段教师的教学能力发展各有差异，对教师专业发展的需求也各不相同，农林院校要遵循教师发展的阶段性特点，结合生态文明教育的需要，考虑个体差异，以中青年教师和教学团队为重点，帮助教师做好职业规划，对在岗教师进行职前、职中和职后的生态文明素质培训，使教师的能力和素养得到充分提升。

第二，从时间长短来说，农林院校可以采取专业学习和阶段培训的方式，让教师脱产攻读相关专业的硕博士学位，遴选一批具有生产一线实践经验的中青年教师出国研修，支持教师获得校外工作或研究经历，也可以组织短期的生态文明实践育人专题培训等。

第三，从培训形式来说，农林院校可以邀请生态文明教育方面的专家为教师作普及生态文明知识讲座；组织教师进行环境参观和考察，增强教师对环境的真实体验和对环境状况的正确认知；组织专门的研讨会让教师研讨生态文明教育的内容和教学的方式方法。

第四，从培训内容来说：

一是要重点培训习近平生态文明思想、习近平总书记关于碳达峰碳中和重要论述精神等内容。在教师培训课程体系中加入碳达峰碳中和最新知识、绿色低碳发展最新要求、教育领域职责与使命等内容，推动教师队伍率先树立绿色低碳理念，提升传播绿色低碳知识能力。

二是要注重学科交叉融合，培养和促进教师的多学科背景。交叉融合是学科专业建设发展的必然趋势，也是顺应社会发展和满足产业变革的有效手段。

三是要注重现代技术应用能力培养。信息技术革命与社会的持续发展对教师的教学能力提出更高要求，要以问题为导向，大力提高教师的信息化能力，营造良好的数字化教育教学应用生态。

第五，从组织保障来说，农林院校可以鼓励教师与企业科研合作、进行企业挂职和技术攻关，通过校企合作加强教师实践能力的培养；激励教师进行教育教学改革，构建以学生为主体、学生主动参与、自主协作探索创新的新型教学模式；大力倡导基于问题、基于项目、基于案例的教学方法和学习方法，广泛开展合作学习、研究性学习、体验式学习、自主学习等学习形式。

此外，实践是与现代社会生产紧密联系的一种社会化过程，农林院校要加强开展生态文明实践育人的物质、精神和制度保障，充分调动教师开展生态文明实践育人的积极性和主动性。

第七节　突出主动性，激发学生投身生态文明实践

生态文明视域下农林院校实践育人的出发点和落脚点是为了更好地提升人才培养质量，满足大学生成长成才和全面发展的需要，满足党和国家培养担当民族复兴大任的时代新人的需要。因此，农林院校要突出主动性，尊重大学生群体特征、优化大学生教育思路、提高大学生思想认识、建好大学生自治组织和激发大学生能动作用。

一、尊重大学生群体特征

我国高等教育改革推动了高等教育大众化的步伐，随之而来的是高校招生和培养人数的激增。据教育部门的数据统计显示普通高等教育在校生由 2001 年的 719.07 万人上升到了 2021 年的 4430 万人。高校大学生群体进入到以“00 后”为主的时代，大学生的个性特征和主体意识更加突出，自我实现和自主成才的愿望和需求更加强烈。推进生态文明实践育人，必须立足大学生的群体特点和发展需要。

第一，大学生思想行为的多元性。伴随着经济全球化的持续深入发展，各类思想观点、社会思潮、价值观念错综复杂，与我国原有文化激烈交锋、碰撞。

一方面，互联网时代下成长的大学生思维活跃，个性张扬，接受新事物能力强，富有批判精神和创新意识，对社会生活中的新思想、新观点反应迅速，思想认识和价值取向呈现多元化的特征。

另一方面，大学生社会阅历尚浅、生活经验欠缺、知识储备不足、意志力较差，导致对一些社会问题和不正之风缺乏理性认识和辨证分析，容易陷入困惑、迷失方向。因此，生态文明实践育人要引导大学生正确观察、分析、认识和处理生态文明建设中的现实问题。

第二，大学生学习方式的自主性。当今是知识化、信息化的时代，大学生的思维方式、交往方式和行为方式发生了巨大变化，他们接受知识不再单向度地依赖课堂教育，具有很强的自主性，传统的“灌输”教育对他们来说已经达不到预期的效果，这对高等农林教育提出了新的要求，亟待农林院校转变生态文明实践育人的工作理念、创新生态文明实践育人的方式方法，更好地符合大学生的特点。

第三，大学生培养目标的全面性。大学生是青年群体中的中坚力量，肩负着实现国家富强、民族复兴、人民幸福的时代重任。中国式现代化要求大学生在大是大非面前作出正确的选择，要掌握过硬本领，发扬奋斗精神，在中华民族伟大复兴的历史进程中发挥主力军作用。联合国教科文组织在《学会关心：21 世纪的教育》中指出，21 世纪最成功的劳动者将是最全面发展的人，是对新思想和新的机遇开放的人。培养时代新人是农林院校生态文明实践育人的逻辑起点和基本原则。

二、优化大学生教育思路

第一，坚持主体性原则。农林院校在生态文明实践育人中，要充分体现大学生的主体地位和作用。

一方面，大学生是具有独立意义的人，必须尊重大学生的个体独立性，充分尊重大学生的主体地位。

另一方面，大学生是发展中的人，具有巨大的发展潜能，需要调动大学生的主观能动性，将自己的专业知识应用于生态文明建设上来，不断开拓创新，攻关技术难题，为我国环境改善和生态文明建设作出实质贡献。

第二，坚持生态性原则：

一是从教育目标上来讲，农林院校生态文明实践育人要着眼于缓解我国不断增长的人口、资源、生态环境之间的矛盾，促进人与自然和谐共生。

二是从教育内容上来讲，农林院校生态文明实践育人不仅要吸收中西方优秀的生态文明教育资源，还要体现新发展理念，不断与时俱进，提高大学生的生态文明素养。

三是从教育途径上来讲，生态文明实践育人要避免单一的说课模式，而应该设计包括实验、实践、社会调研等多元化的教育方式，通过野外实习实践与社会调研等，带领大学生领略优美的自然环境，识别社会生活中存在的环境问题，引导大学生将所学付诸实践，真正成为生态文明理念的传播者和生态文明建设的践行者。

第三，坚持科学性原则：

一是农林院校生态文明实践育人要坚持科学的理论指导。坚持马克思主义基本原理同我国生态文明建设实践相结合，贯彻落实习近平生态文明思想。

二是遵循教育教学规律和大学生成长的规律，在尊重大学生群体特征的基础上，根据大学生个体不同的年龄、性别、爱好、心理、学习基础等因材施教，有针对性地设计生态文明实践育人方案和环节。

三是坚持科学的内容。注重学科交叉，强化生态文明建设、碳达峰碳中和等相关领域的前沿内容，传授大学生正确的生态文明理论、知识和技术，帮助大学生养成绿色的生活方式，创造发明生态技术和生态工艺，更好地保护生态环境。

第四，坚持渗透性原则：

一是在思政课中普及生态文明教育，从理论层面向学生们传达“绿水青山就是金山银山”“生态兴则文明兴”等习近平生态文明思想的核心价值观。

二是在专业教育中渗透生态文明思政元素，以课程体系为主，在每一个知识点穿插入相匹配的案例，双向促进大学生专业技能提升和生态文明理念培养。

三是在校园文化活动和各项实践中渗透生态文明教育，通过大学生喜闻乐见的各种形式，深化生态文明实践育人。

四是注重渗透的持续性。渗透式教育属于隐性、无意识的培育，要想取得较为理想的生态文明实践育人效果，必须注重渗透的持续性和连贯性，帮助大学生从内心深处、思维深处、习惯深处牢固树立生态文明意识。

三、提高大学生思想认识

第一，引导大学生从整体的角度认识人与自然和谐共生。传统的道德观关注调节人与人、人与社会之间的关系，它的适用范围局限于人与人、人与社会，没有涉及人与自然之间的关系，强化了主体人的利益、人的权利、人的生命。着眼于人类的整体利益、长远利益和人类自身全面发展，要树立“人—社会—自然”整体论世界观，认识到世界是一个由生命和环境相互依赖、不可分割的有机整体，具有自我调节、自我维持、自我发展和进化的复合生态系统。人类的一切活动都要服从于生态系统的整体利益，把以人为中心的价值取向转到人、自然、社会协调发展的价值取向上，把道德对象的范围扩大到整个生命界及其生态环境，坚持人与自然的和谐共生，尊重生命，保障一切物种生存权利，实现整个世界全面协调、和谐共生。

第二，引导大学生从历史的角度看待生态文明建设。要认识到人们为了发展经济，忽视生态保护，给生态环境带来了严重后果，如生物多样性锐减、环境污染严重、自然资源破坏加剧、极端天气频发等。当前，环境危机日益严重，必须从辩证的角度认识人与自然和谐共生。认识到生态环境不是个人的，不是一代人的，也不是整个人类，而是一切生命物质甚至无生命物质共同的家园。经济的发展要求人们具有更高的生态道德，引导高效、清洁、低碳的生态型技术进步、推进和构建资源节约型和环境友好型社会。

第三，引导大学生从发展的角度认识生态文明实践育人。

一方面，马克思指出，“将生产劳动和智育、体育结合起来，不仅是提高社会生产力的一种方法，也是使人全面发展的唯一途径。”❶ 生态文明实践育人能让大学生在实践中感受国家和民族的巨大变化和伟大飞跃，感受取得巨大成就的曲折和艰辛，感受肩负的历史使命和责任担当，锻造优秀品格，增强实践能力，实现全面发展。

---

❶ 马克思恩格斯全集（第23卷）[M]. 北京：人民出版社，1985：530.

另一方面，教育与经济、科技紧密相关，通过生态文明实践育人让大学生走进社会、认识社会、了解社会，实现自我完善、自我提高、自我超越的同时，也积极服务生态文明建设，推动社会的进步与发展。

第四，引导大学生从全球的角度认识人类命运共同体。进入新时代，我国进入有实力、有信心、开展全方位、多层次、立体化的生态文明国际合作的发展阶段，党和国家准确把握世界大势，统筹国内国际两个大局，在时代前进潮流中发出中国声音、提出中国方案、贡献中国智慧，积极建设人类命运共同体的全球视野和国际胸怀。农林院校生态文明实践育人过程中，要引导大学生认识到，青年是国家的未来，也是世界的未来。要引导大学生关注全球环境问题，回应时代的课题，勇于承担超越当下、超越本地本国、超越人类自身的责任，树立人类命运共同体意识，成为促进世界团结的一股力量；树立人与自然生命共同体意识，让良好的生态环境成为人类可持续发展的不竭源头。

四、建好大学生自治组织

“古往今来凡成大事者，无不经过社会实践的历练和艰苦环境的考验。五四运动昭示的青年运动正确方向，就是在党的领导下，走与工农群众相结合、与中国革命实践相结合的道路。当代青年学生要健康成长、茁壮成才，仍然必须坚持这个正确方向、这条正确道路。对青年学生来说，基层一线是了解国情、增长本领的最好课堂，是磨炼意志、汲取力量的火热熔炉，是施展才华、开拓创业的广阔天地。只有深入到基层中去，深入到群众中去，才能加深对社会的认识，增进同人民群众的感情，提高解决实际问题的能力。”[1] 实践是大学生成长成才的必由之路，要充分发挥学生会、研究生会、生态类社团等大学生自治组织在生态文明实践育人中的积极作用。

第一，设计主题活动。围绕提升公众节约资源保护环境的意识，倡导节能环保绿色低碳生活方式，促进生态文明建设和人与自然环境可持续发展，共建人与自然和谐共生的现代化设计主题活动，或者利用不同的环保

[1] 胡锦涛．在同中国农业大学师生代表座谈时的讲话［M］．北京：人民出版社，2009：6.

纪念日来开展主题教育，如“地球日”“环境日”“节水日”“候鸟日”“无烟日”等来设计生态文明实践活动。

第二，丰富实践形式。农林院校大学生自治组织可以开展如采集植物、昆虫制作标本；采集落叶、废弃物制作手工作品；参观动植物园、环境监测站、环保科研所、污水处理厂、垃圾处理厂；到森林公园、自然保护区开展自然观察与调查；举办生态文明主题论文竞赛、书画竞赛、摄影作品展、演讲比赛、辩论赛等实践活动，强化大学生生态文明意识和提高生态文明实践能力。

第三，提高活动实效。将大学生自治组织建设与发展纳入学校整体实践育人工作体系，将主题活动列为在校生第二课堂专题修读模块，大学生在校期间参加、完成相关实践任务可以获得创新与技能学分或素质拓展学分，以此激发广大学生的积极性，最大限度发挥大学生自治组织的生态文明实践育人载体功能。此外，在活动前，要有效宣传，要尽可能地让全校大学生了解活动主题、内容和形式；活动中，要加强指导，提高育人质量，打造精品活动；活动后，要加大宣传，提高活动影响力，引领社会生态文明建设。尤其要依托新媒体开展生态文明实践育人“随手拍、微记录、微评论”等活动，鼓励大学生在实践中随手记录视频、照片和文字，实时发布实践开展情况和个人体会。

第四，加强组织保障。农林院校要完善大学生自治组织管理制度体系，加强组织规范化建设和学生干部能力培训，为组织有序运作提供制度保障。此外，要列支专项经费为生态文明实践育人指导教师课时费、学生交通补助以及学生招募、培训、考核、表彰奖励等提供经费保障。要积极争取社会资源的支持，如“清洁美丽中国行”宣传活动面向全国大学生开展“清洁美丽中国行”全国高校小额资助项目，通过向高校环保社团给予小额资助的方式扶持高校环保社团的发展。

五、激发大学生能动作用

第一，激发大学生主动参与生态文明教育。教育本身是互动的过程，由教育主体的教师和教育客体的学生相互作用，实现教学相长。生态文明实践育人需要教师和学生在课堂内外、理论实践的有效互动。教师要尊重

大学生的群体特点，用他们善于接受、易于理解的方式组织和开展生态文明实践育人。

一是用青年的话语向大学生讲述生态文明理论的核心要义、生态文明建设的热点难点，加深大学生对课堂知识的理解和学习。

二是要积极探索“做中学”“学中研”“学中问”“问中研”“研中创”，以问题为引领，重构大学生自主性、独立性、研究性学习机制，培养其发现问题、分析问题和解决问题的能力，提高他们的综合能力。

三是要善用网络媒体进行生态文明实践育人，如通过各类信息技术、新媒体平台展示丰富的自然资源和优美的生态环境；开展植物保护、野生动物救助保护、生物多样性保护、湿地保护与修复等科普教育；展示生态文明实践的先进集体、个人的实际和经验；开展主题鲜明、形式多样的竞赛等，形成全社会共同关注、联合开展生态文明实践育人的氛围。

第二，激发大学生积极参加生态文明实践。《中华人民共和国环境保护法》第六条、第五十三条、第五十七条规定，一切单位和个人都有保护环境的义务；公民、法人和其他组织依法享有获取环境信息、参与和监督环境保护的权利；公民、法人和其他组织发现任何单位和个人有污染环境和破坏生态行为的，有权向环境保护主管部门或者其他负有环境保护监督管理职责的部门举报。生态文明实践育人不同于传统教育，它不是在课堂上学到了知识，就会立马转化为看得见的成果，需要大学生时时处处参与。只有让大学生明白生产发展、生活富裕、生态良好的文明社会要靠大家的行动才能实现，才能使大学生既担负起生态文明建设的实践者、监督者，才能使生态文明建设成为一项长期的、广泛的、大众的事业。

一是教师要带着现实问题指导大学生开展生态文明各类实践，帮助大学生获得丰富的实践体验和精神体验。虽然大学生参加的生态文明实践活动不以直接创造生产生活资料为内容和目的，但是通过走出校园、走向社会、走进人民群众生产生活实际，能满足社会的需求，得到社会的认同，体现大学生作为社会成员的价值。

二是针对大学生不同年级的特点和成长需求，从学生知识训练、成长需求出发，开展分层分类开展生态文明实践育人。低年级学生着重“体验式”实践，以国情考察、历史教育和传统文化教育为主要内容，带领学生进农村、进企业、进社区，感受我国社会主义现代化建设取得的历史性成就，高年级学生着重“专业性”实践，重点开展专业实践、创新创业实践、就业实践等，提升大学生运用专业知识解决实际问题的能力。

第三，激发大学生全面提升生态文明素养。恩格斯在《共产主义原理》中指出，“人的全面发展就是要使社会全体成员的综合素质得到极大的提高”❶。

实践是大学生实现全面发展的基本途径，实践能力是大学生综合素质的重要组成部分。《国家中长期教育改革和发展规划纲要（2010—2020年）》强调，“坚持以人为本、全面实施素质教育是教育改革发展的战略主题，是贯彻党的教育方针的时代要求，核心是解决培养什么人、怎样培养人的重大问题，重点是面向全体学生、促进学生全面发展，着力提高学生服务国家、服务人民的社会责任感、勇于探索的创新精神和善于解决问题的实践能力。”❷

实施实践育人是面对日益激烈的国内国际竞争、实施科教兴国战略和人才强国战略的需要，是全面实施素质教育、提高人才培养质量的需要，也是大学生走向社会、适应社会的必然要求，对于大学生个人的发展和社会的进步都有着重要的作用。

大学生通过参与生态文明实践育人的相关活动：

一是正确处理个人与社会的关系，实现个人与社会发展的和谐统一。大学生通过与广大人民群众共同生活、共同生产，学习人与人交往的基本规则和基本要求，学习到社会的基本道德规范和社会规则，提升大学生的思想道德水平和社会化程度。同时，深入了解生产和生活一线的需要，加深对中国特色社会主义事业的认同，主动将个人成长与社会发展结合起来。

二是将平时学习的课堂理论知识加以检验和提升，在理论联系实践的基础上加深理解、认识和掌握，提升自己的专业知识和实践技能。

三是锻炼自身的人际交往能力、抗压抗挫能力、实际动手能力等，提升自身的情感认知水平和身心健康，激发自身独立思考能力和创新思维。

---

❶ 马克思恩格斯选集（第3卷）[M]. 北京：人民出版社，1995：332.

❷ 国家中长期教育改革和发展规划纲要（2010—2020年）[M]. 北京：人民出版社，2010：16.

参　考　文　献

一、著作类

[1] 卢风，刘湘溶．现代发展观与环境伦理［M］．保定：河北大学出版社，2004．

[2] 马桂新．环境教育学［M］．北京：科学出版社，2007．

[3] 杨贤金．高校实践育人的探索与创新［M］．北京：中国书籍出版社，2015．

[4] 岳伟，等．生态文明教育研究［M］．北京：中国社会科学出版社，2020．

[5] 何云峰，陈晶晶，王鹏，等．农科院校“实践育人”特色化探索与实践［M］．北京：人民出版社，2021．

二、期刊文章类

[6] 吴元修．高职学生实践能力培养浅析［J］．成人教育，2004（3）：17－21．

[7] 刘冬岩．实践能力：不容忽视的教学价值取向［J］．淮阴职业技术学院学报，2005（2）：25－27．

[8] 吴亚玲．实践育人理念的哲学分析［J］．现代大学教育，2010（1）：13－17．

[9] 周爱国．国外大学生实践能力培养的经验启示［J］．淮阴师范学院学报（哲学社会科学版），2011（1）：128－132．

[10] 万奎．高校生态文明教育的实践性思考［J］．社科纵横，2015，30（6）：23－27．

[11] 侯利军，付书朋．高校生态文明教育研究［J］．学校党建与思想教育，2019（14）：62－64．

[12] 张松，刘志民．建国70年以来中国高等农业教育的发展历程、辉煌成就与未来展望［J］．中国农业教育，2019，20（2）：14－22．

[13] 李伟凯．新中国成立70年以来地方高等农业院校“立德树人”的实践与探索：以东北农业大学为例［J］．中国农业教育，2019，20（6）：1－9．

[14] 安艳霞，何云峰，高志强．农林高校实践育人研究：热点聚焦及趋势［J］．高等农业教育，2020（3）：17－25．

[15] 刘阳．涉农专业大学生生态文明素养的培育和践行［J］．安徽农学通报，2020，26（19）：157－159．

[16] 谢志洋. 将生态文明思想融入高校实践育人的新路径思考 [J]. 智库时代，2020（9）：229-230.

[17] 郭晓勇. 高校开展生态文明教育的时代价值和实践探索 [J]. 黑龙江教育（高教研究与评估），2021（9）：40-42.

[18] 宋鸥鹏. 茶文化融入高校“生态育人”实践的路径探索：以浙江农林大学为例 [J]. 福建茶叶，2021，43（4）：208-209.

[19] 李昕萌，吴懿卓. 大学生生态文明教育研究 [J]. 理论观察，2022（8）：41-45.

[20] 王睿娜，田贯辉. 高校开展生态文明实践育人工作的探索与思考：以兰州大学为例 [J]. 黑龙江教育（理论与实践），2022（12）：10-13.

[21] 李春英，王志新，张天白. “双一流”建设背景下高等院校生态文明教育路径探讨 [J]. 中国林业教育，2022，40（4）：11-16.

[22] 罗丽华. 生态文明教育与高校实践育人的创新融合 [J]. 环境工程，2023，41（2）：253.

三、学位论文类

[23] 张美弟. 大学生生态文明观教育探析 [D]. 上海：华东师范大学，2009.

[24] 谢小丽. 高中思想政治课生态文明素养教育探究 [D]. 南京：南京师范大学，2013.

[25] 杜昌建. 我国生态文明教育研究 [D]. 天津：天津师范大学，2014.

[26] 甘霖. 高校实践育人研究 [D]. 武汉：武汉大学，2014.

[27] 李霞. 当代大学生生态文明教育研究 [D]. 芜湖：安徽师范大学，2015.

[28] 陈步云. 高校实践育人机制研究 [D]. 长春：东北师范大学，2017.

[29] 张艳红. 中国共产党生态文明教育研究 [D]. 长春：吉林大学，2020.

[30] 马利霞. 新时代高校实践育人体系构建研究 [D]. 吉首：吉首大学，2021.

[31] 许晓惠. 农林院校大学生生态文明教育对策研究 [D]. 哈尔滨：东北农业大学，2021.

[32] 管诗棋. 新时代大学生生态文明教育理论与实践研究 [D]. 郑州：河南工业大学，2022.

[33] 王璐. 高校生态文明教育机制构建研究 [D]. 哈尔滨：东北林业大学，2022.

后　记

工业文明在创造了惊人物质财富的同时，也造成了极其严重的生态危机。改革开放以来，我国经济高速发展而一跃成为世界第二大经济体，但是资源枯竭、环境污染和生态恶化等问题也相伴而生、接踵而至。当前，我国生态文明建设仍处于压力叠加、负重前行的关键期，保护与发展的长期矛盾和短期问题交织，生态环境保护结构性、根源性和趋势性压力总体上尚未根本缓解。无论从人类社会的发展还是我国的发展来看，加强生态文明建设都迫在眉睫。生态文明教育担负着培养具备生态文明素养的中国特色社会主义事业接班人的历史重任，在生态文明建设中发挥着基础性、先导性和全局性作用。

生态文明视域下农林院校实践育人不仅对丰富生态文明教育、思想政治教育、高等教育的理论和方法具有重要的理论价值，也对落实立德树人根本任务、构建高质量教育体系、助力美丽中国建设具有重要的现实意义。

生态文明视域下农林院校实践育人内涵丰富，包括生态文明、生态文明教育、实践育人等相关的概念和内涵。具有深厚的理论基础，涉及教育学、管理学、社会学、生态学等多个学科领域，要从跨学科视角推进生态文明视域下农林院校实践育人的理论研究，构建研究范式。

农林院校生态文明实践育人以环境教育为前身，在可持续发展理念的指导下不断丰富发展，并于21世纪初转向真正意义上的生态文明教育。改革开放40多年来，农林院校认真贯彻落实党和国家建设生态文明的部署和要求，扎实推进生态文明实践育人，充分发挥认识、导向、调节、激励和提升功能，体现出导向性、参与性、体验性、渗透性、综合性、专业性、严密性和稳定性等特点。

经过长期的发展，生态文明视域下农林院校实践育人的思想认识不断提高、活动平台不断完善、活动载体不断丰富、工作保障不断加强、质量效果不断提升，取得了一定成效，积累了丰富的经验。但是，在思想认识、教育内容、工作体系、工作机制、教育资源、师资队伍、质量效果等七个方面仍然存在不平衡、不全面、不系统、不完善、不充分、不成熟和不均衡的问题。

世界的变化和我国的发展不仅为生态文明视域下农林院校实践育人带来新的发展机遇，也提出了更高的要求和新的挑战。农林院校要坚持问题导向和需求导向，紧紧围绕“五位一体”总体布局和“四个全面”战略布局，认真落实党中央、国务院关于生态文明建设的部署要求，坚持能力培养与品德锤炼相结合、教师主导与学生主体相结合、第一课堂与第二课堂相结合、校内主动与校外联动相结合、积极扶持与严格考核相结合的原则，着力实施“生态课程”育人行动计划、“生态文化”育人行动计划、“生态环境”育人行动计划、“生态研究”育人行动计划、“生态实践”育人行动计划，推进生态文明实践育人高质量发展。

具体而言，要突出科学性，强化生态文明实践育人理念；突出时代性，丰富生态文明实践育人内容；突出系统性，完善生态文明实践育人体系；突出协同性，优化生态文明实践育人机制；突出开放性，拓展生态文明实践育人资源；突出融合性，加强生态文明教育师资队伍；突出主动性，激发学生投身生态文明实践，从而帮助大学生形成生态文明认知、培养生态文明情感、磨炼生态文明意志、树立生态文明信念、养成生态行为习惯，培养担当民族复兴大任的时代新人，全面建设美丽中国，实现人与自然和谐共生的现代化。

生态文明视域下，高等农林教育既具有生态功能，也具有生态属性。我们应看到，虽然生态文明建设对高等农林教育的发展提出了新的要求，但是也为高等农林教育的变革注入了新的活力。农林院校要顺应时代潮流，站在高质量发展的新征程、新起点上，积极探索，敢于创新，彰显农林底色和生态特色，培养更多高素质生态型人才，在生态文明建设领域贡献更多的农林智慧与力量。